青少年灾难自救丛书
QINGSHAONIAN
ZAINAN ZIJIU CONGSHU

# 雷电逞凶

姜永育 编著

四川教育出版社

图书在版编目（CIP）数据

雷电逞凶 / 姜永育编著. —成都：四川教育出版社，2016.10
（青少年灾难自救丛书）
ISBN 978-7-5408-6681-5

Ⅰ.①雷… Ⅱ.①姜… Ⅲ.①雷-气象灾害-自救互助-青少年读物 ②闪电-气象灾害-自救互助-青少年读物 Ⅳ.①P427.32-49

中国版本图书馆CIP数据核字（2016）第244986号

## 雷电逞凶

姜永育　编著

| | | |
|---|---|---|
| 策　　划 | 何　杨 | |
| 责任编辑 | 肖　勇 | |
| 装帧设计 | 武　韵 | |
| 责任校对 | 史敏燕 | |
| 责任印制 | 吴晓光 | |
| 出版发行 | 四川教育出版社 | |
| | 地　　址 | 成都市黄荆路13号 |
| | 邮政编码 | 610225 |
| | 网　　址 | www.chuanjiaoshe.com |
| 印　　刷 | 三河市明华印务有限公司 | |
| 制　　作 | 四川胜翔数码印务设计有限公司 | |
| 版　　次 | 2016年10月第1版 | |
| 印　　次 | 2021年5月第2次印刷 | |
| 成品规格 | 160mm×230mm | |
| 印　　张 | 8.75 | |
| 书　　号 | ISBN 978-7-5408-6681-5 | |
| 定　　价 | 28.00元 | |

如发现印装质量问题，请与本社联系调换。电话：(028) 86259359
营销电话：(028) 86259605　邮购电话：(028) 86259605
编辑部电话：(028) 86259381

# 引子

雷电，是自然界中影响人类活动的十大灾害之一。猛烈的雷电常常会导致人畜伤亡，并造成重大经济损失。

当雷电袭来时，我们该怎样逃生呢？下面这则气象人员"智斗"雷电的故事，或许能带给你一点防雷启迪。

2014年盛夏的一天，川东北渠县。天仿佛漏了一般，倾盆大雨已经下了整整一个上午。

江河涨水，汛情吃紧。在通往某镇的乡村公路上，一辆气象应急车正快速向前行驶。车里除了驾驶员小刘外，还有一名姓罗的工程师。他们此行的目的，是下乡调查灾情，同时修复在暴雨中损坏的自动气象站。

公路上积满了水，路边不时可以看到倒塌的电杆和大树。想到乡镇发生的灾情，老罗非常着急，他不停催促小刘："快点，再快点！"

汽车行驶了二十多分钟后，来到了一处比较开阔的河谷地带。在这里，汽车被迫停了下来——

由于河水猛涨，堤坝冲毁，公路中断了！

小刘从车里下来，打着雨伞，准备到河边去查看灾情。他刚刚走到河边，突然一道电光在眼前闪过，紧接着，一个炸雷从天上打了下来。

这雷电实在太可怕了！不过，这只是一个开始，接下来，霹雳惊天动地，接二连三地在他头顶上空炸响。

小刘被这突如其来的雷电震慑住了，一时间，他竟然愣在原地不敢动弹。

"快把雨伞扔掉！"眼看形势危急，老罗大喊一声，几步奔到了小刘身边。

刚把雨伞扔掉，眼前电光一闪，老罗感到头发一下竖了起来，他赶紧拉了小刘一把，两人迅速蹲下了身子。

"咔嚓"一声，旁边的大树被雷电击中，粗大的树干被劈为两半，景象看上去十分可怕！

乘下一个雷电袭来间隙，两人赶紧跑回车上，把车窗严严实实关上，同时关闭了手机和车上的所有电器。

直到雷电减弱，小刘这才发动汽车，踏上了返回的路途……

气象人员成功躲避雷电袭击的事例告诉我们：第一，雷电袭来的时候，一定不要在雨中打伞；第二，当出现头发竖立等雷击征兆时，要迅速蹲下身子；第三，在汽车里躲避雷电时，一定要把车窗关上；第四，雷雨之中，要把手机和所有的电器都关上。

以上这些只是雷电逃生的一小部分启迪，如果你想了解更多的防雷避险知识，那就赶紧翻开本书吧！

## 科学认识雷电

| | |
|---|---|
| 雷电的传说 | (002) |
| 富兰克林引雷 | (004) |
| 雷电大家族 | (006) |
| 雷电四兄弟 | (008) |
| 球状闪电 | (010) |
| "死亡谷"的秘密 | (012) |
| 世界雷都 | (015) |
| 闪电最集中之地 | (017) |
| 雷电"报应"之谜 | (019) |
| 奇特的冬雷震震 | (021) |
| 雷灾猛于虎 | (022) |
| 雷电趣闻 | (024) |

## 雷电来临前兆

青蛙叫，雷雨到 …………………………………… (030)
蚂蚁搬家，雷鸣雨下 ……………………………… (033)
蚯蚓出洞，雷雨报到 ……………………………… (035)
麻雀洗澡有雷雨 …………………………………… (037)
花椰菜云会打雷 …………………………………… (039)
鬃状云，要打雷 …………………………………… (042)
恐怖乳房云 ………………………………………… (044)
警惕炮台云 ………………………………………… (046)
小心棉花云 ………………………………………… (048)
听杂音辨雷电 ……………………………………… (050)
毛发竖，雷电临 …………………………………… (052)

## 雷电逃生自救及防御

不要站在山顶上 …………………………………… (056)
不在旷野走 ………………………………………… (059)
雷雨天不打伞 ……………………………………… (061)
打雷不骑车 ………………………………………… (063)
不下河游泳 ………………………………………… (065)
远离足球场 ………………………………………… (068)
雷雨天不打高尔夫 ………………………………… (070)
警惕晴空霹雳 ……………………………………… (072)
不要躲在大树下 …………………………………… (074)
不要躲进棚屋里 …………………………………… (077)

山洞避雨须谨慎 …………………………………… (079)

汽车避雷应当心 …………………………………… (081)

请关闭手机 ………………………………………… (083)

拔掉电源插头 ……………………………………… (085)

金属管线碰不得 …………………………………… (087)

雷击伤人快施救 …………………………………… (089)

安装避雷针 ………………………………………… (091)

雷电预警助安全 …………………………………… (093)

雷电逃生自救准则 ………………………………… (095)

## 雷电灾害启示录

"雷灾村"真相 …………………………………… (098)

学校恐怖雷击 ……………………………………… (102)

黑色的一天 ………………………………………… (106)

高山可怕雷击 ……………………………………… (110)

罕见雷击灾害 ……………………………………… (114)

大树下的悲剧 ……………………………………… (118)

雷击大爆炸 ………………………………………… (122)

雷击大火灾 ………………………………………… (126)

雷击发射场 ………………………………………… (129)

# 科学认识雷电

## 雷电的传说

"轰隆隆",打雷了,一时间电光闪烁,雷声隆隆。震耳欲聋的雷声和惊悚耀眼的电光令人十分害怕。

在中国神话传说中,雷电是天上的两位神仙——雷公和电母制造的。雷公手里有两把大锤,当他拿起大锤"轰轰轰"一阵猛敲时,巨大的声音便会响彻天地之间;与此同时,电母拿出一面巨大的镜子,向人间晃去,耀眼的电光顿时笼罩了整个大地。

你可能会觉得好奇:这俩神仙怎么老与人间过不去呢?

其实并不是这样。传说雷公和电母本是凡间的一对恩爱夫妻。丈夫是铁匠,妻子是银匠。夫妻俩依靠自己的手艺,小日子过得有滋有味。本村的一个财主可不高兴了,他看人家的日子越过越好,心里没有羡慕,只有嫉妒和恨。为了占有他们的家产,财主想了一个狠毒的主意,他勾结官府,诬陷夫妻俩偷盗了他家用于铸镜的银子。贪官得了好处,立即派兵来捉拿夫妻二人。眼见官兵已经进了自家的大院,情急之下,丈夫拿起打铁的两把大锤冲了出来,与官兵厮杀在一起。俗话说"好汉难敌四拳",眼看丈夫寡不敌众,妻子急中生智,随手拿起手中还未完工的银镜,将太阳光反射到士兵脸上。强烈的光线使士兵们无法睁眼,丈夫一顿猛杀,终于冲出重围。他跑到妻子身边,拉起她赶紧逃命。他们跑啊跑啊,突然之间,两人觉得身子变得轻飘起来,随即像大鸟一样飞了起来。飞上云端,丈夫挥动手中的铁锤,巨大的声音震得地动山摇,妻子晃动手中的银镜,强烈的电光照得地面一片惨白。追赶的官兵吓得掉头就跑。而巨大的霹雳声和耀眼的电光，竟将财主活活劈死。

后来，这对雷电夫妻再也没有回到人间。天上的最高统治者——玉皇大帝念他们忠肝义胆，一片赤诚，委任他们惩戒人间作恶多端的人。

国外也有雷神的传说。在古希腊，掌握雷电的是万神之王宙斯。这位爷虽说地位至高无上，不过小时候却吃了很多苦头，其成长的道路可以用"艰难曲折"四个字来形容。宙斯出生时，正是他父亲克洛诺斯当权的时代，俗话说"虎毒不食子"，可这位父亲比虎还毒，由于有神预言他的王位要被自己的孩子取代，所以在宙斯之前，克洛诺斯已经吃掉了妻子瑞亚生的5个孩子。宙斯"呱呱"坠地时，瑞亚担心他也会被狠心的父亲吃掉，于是趁克洛诺斯不在家的时机，偷偷将他送到克里特岛，交给三位善良的女仙抚养。在岛上，小宙斯没爹没妈，日子过得颇为艰辛：没有母乳喂养，全靠一只母山羊提供乳汁；一只雄鹰偶尔会去偷点仙酒给他解渴。因为担心克洛诺斯发现儿子，所以每当宙斯哭叫时，瑞亚的仆人们便会赶紧跑到摇篮边上跳舞，并用短剑敲击铜盾掩盖他的哭声。

在短剑与铜盾敲击的"当当"声中，小宙斯慢慢长大。在母亲及众神的帮助下，他用计救出了被父亲吞下的五个兄弟姐妹，并合力推翻了克洛诺斯，登上了众神之王的王位。大概是受小时那段艰难曲折的经历影响，宙斯的脾气火爆而又任性，他想什么时候打雷就什么时候打雷，想什么时候放电就什么时候放电。每当他打雷放电时，就会给人间带来巨大灾害。

## 富兰克林引雷

随着社会进步和科学技术的发展，人类逐渐认识到：雷电是大自然中的一种天气现象，它是伴有闪电和雷鸣的一种雄伟壮观，而又令人生畏的放电现象，要防止被雷电伤害，只有采取科学的防雷方法。

那么，雷电是怎么生成的呢？

大家可能都知道美国科学家富兰克林引雷的故事吧？

富兰克林是个了不起的人物，他不但是大名鼎鼎的物理学家，还是著名的政治家、外交家和发明家，同时，他还是出版商、印刷商、记者、作家……总之，他可谓是干一行爱一行，爱一行专一行，而且每行都干出了名堂。很小的时候，富兰克林就对天上的雷电产生了强烈的好奇心。后来，他成为了一名出色的科学家。为了揭开雷电的神秘面纱，富兰克林绞尽脑汁，他想了很多种办法去"接近"雷电，可惜都没有成功。有一天，天上黑云密布，狂风大作，雷声又隆隆响了起来，电光把天地间照耀得一片白亮。富兰克林望着电闪雷鸣的天空，心里十分着急。可是云离地面那么高，人根本就无法接近雷电啊！正在这时，一只断线的风筝被风刮着，从天上打着旋吹落到他面前。望着断线的风筝，富兰克林心中突然一亮。他赶紧回到屋里，拿出一只风筝改装起来。不一会儿，他的风筝便借助强劲的风力，摇摇摆摆地进入了黑云底部。他牵着细铁丝线，像个小孩一样奔跑着，紧张地注视着天空的情况。突然之间，一阵耀眼的电光闪过，富兰克林感到手心一麻，整个手臂如遭电击。"成功了！成功了！"顾不得手臂的酸痛，富兰克林像个小孩般欢呼雀跃着。

「科学认识雷电」

后来,富兰克林又做了多次引雷试验,终于揭开了雷电的面纱,并发明了避雷针,使人类不再畏惧雷电的危害了。

那么,雷电究竟是一种什么样的天气现象呢?其实,早在中国的东汉时期,有一个叫王充的人,就对"雷"做出了正确的解释。王充也是一个很厉害的人,他是中国古代有名的唯物主义哲学家。王充小时候家里很穷,买不起

书,为了蹭书读,他经常去逛洛阳集市上的书店。由于记忆力好得惊人,无论什么书,只要看一遍就能够背诵,于是小小年纪,王充便精通了百家之言,后来更是成了一个有名的哲学家。此外,王充还是一个不相信鬼神的无神论者,当时人们将天上打雷闪电视为神仙所为,但王充却不这样看,他说:"雷者,太阳之激气也,何以明之?正月始雷;五月阳盛,故五月雷迅;秋冬阳衰,故秋冬雷潜。"这段话的意思,就是说雷是太阳照射空气产生的,正月开始打雷,到了五月太阳最强,所以这时的雷最迅猛;秋冬季太阳照射减弱,所以雷就潜伏不打了。

王充的这段话科学地解释了雷电的生成、发展和消退,在他的基础上,中外许多科学家后来又经过多年探索,发现雷电的产生是源自一种十分可怕的云——雷雨云。我们知道,云一般是由大量的冰晶和水滴组成的,冰晶带正电荷,水滴带负电荷,一般情况下,冰晶和水滴混合在一起,正负电荷相互抵消,是不会发生放电现象的。但雷雨云中的云体有强烈的上升气流,它就像一锅烧沸的开水那样,每时每刻都有大量气流往上冲。在上升气流的作用下,云中带正电的冰晶与带负电的水滴逐渐分离,形成一部分带正电荷、一部分带负电荷的雷

雨云。通常情况下，雷雨云的下部带负电，上部带正电。当两块雷雨云不期而遇时，正电荷与正电荷（或负电荷与负电荷）碰到一起时，就会因相互排斥而发生放电现象，这便是我们平时看到的闪电。

闪电的温度十分可怕，从 17000 摄氏度至 28000 摄氏度不等，这个温度等于太阳表面温度的 3 至 5 倍。这么高的温度，使得空气剧烈膨胀而发出声音，这就是我们听到的雷声。很多时候，我们听到的雷声都不太一样，这是因为闪电距离的不同：闪电距离近时，我们听到的就是尖锐的爆裂声，而距离远时，听到的就是隆隆声了。

## 雷电大家族

弄清了雷电生成的奥秘，咱们再来盘点一下雷电家族。

别看都是打雷闪电，但不同的季节和不同的天气条件下，雷电的威力有很大差别：夏天的雷电十分惊悚吓人，其他季节则相对较弱；天气闷热时，雷电打得很凶，天气凉爽，雷电的威力也跟着下降。此外，不同地区的雷电，其强弱和威力也会有所差别。

气象专家根据雷电生成的气象条件和地形，将它们分成了三大家族：热雷电、锋雷电和地形雷电。

先来看看热雷电。顾名思义，热雷电就是夏天午后经常发生的一种雷电，这种雷电号称霹雳雷，它生成的速度很快，出现时十分猛烈，而且还常有两个厉害的伙伴相随——冰雹和暴雨。当它们一起出现时，你能想象那种雷鸣电闪、冰雹狂打、暴雨倾盆的可怕场景吗？

那么，什么情况下会出现热雷电呢？气象专家告诉我们，热雷电生成的必要因素是空气十分潮湿，特别是空气中的水蒸气接近饱和。

在这种条件下,经夏天火辣辣的烈日一暴晒,近地面的潮湿空气迅速升温,人就会感到十分闷热——可以说,闷热是热雷电形成的必要条件。此外,在一些山中盆地,当无风或风很小的时候,也会造成那里的空气湿度和温度分布不均匀,从而使天空生成雷雨云并出现打雷闪电的现象。

热雷电尽管脾气暴烈,发作起来很吓人,但它也有两个让人稍感安慰的地方:第一,它持续的时间并不长,来得快,去得也快,一般1~2个小时后,随着天上的黑云逐渐散去,雷电也就消逝得无影无踪;第二,它覆盖的范围不大,雷区长度通常不会超过200~300千米,宽度不超过几十千米。

接下来,咱们再看看雷电家族的另一个大佬:锋雷电。所谓锋雷电,是指强大的冷气流或暖气流入侵某地时,冷暖空气接触的锋面或其附近产生的雷电。其有两个分支:冷锋雷和暖锋雷。

冷锋雷也叫寒潮雷,顾名思义,它是北方强大的冷气流由北向南入侵形成的。我们都知道,北方的气流冷而重,南方的气流暖而轻,就像水总是从高处往低处流一样,北方冷气流浩浩荡荡向南推进,当它与南方暖气流相遇后，冷气流就会像楔子一样，插到暖空气的下面，"抬"着暖湿空气往上升，暖湿空气上升到一定高度，随着温度降低，水蒸气很快达到饱和，于是雷雨云便形成了。冷锋雷通常与暴雨、大暴雨结伴而行，它是雷电家族中脾气最暴烈、危害最大的一种雷电，其覆盖的范围很广袤，往往可达数百千米长、20～60千米宽，移动速度最高可达100千米每时。

暖锋雷也叫热潮雷，它是暖气流移动到冷空气地区后，慢慢"爬"到冷空气头上生成的。与冷锋雷的火爆不同，暖锋雷性格比较"温柔"，很少发生强烈的雷雨。

雷电家族的最后一个成员是地形雷电，它一般多出现在地形空旷的地区，虽然"个头"不大（规模较小），但它出现频率较高，因此也容易给人类造成灾害。

## 雷电四兄弟

上面我们讲述了雷电三大家族，但不管是热雷电、锋雷电也好，还是地形雷电也罢，每个家族都"生育"有四个孩子。

这四兄弟的名字分别叫直击雷、电磁脉冲、球形雷和云闪。四兄弟中，老大直击雷和老三球形雷都会对人和建筑物造成危害，而老二电磁脉冲主要破坏人类的电子设备，老四云闪主要出现在两块云之间或一块云的两边，所以对人类危害最小。

咱们还是来一一分析它们的性格特征吧。

老大直击雷，是带电云层与大地上某一点之间发生的迅猛放电现象。很多时候，孕育直击雷的雷云内聚集了很多电荷，就像不停上涨

「科学认识雷电」

的水库一样,当堤坝承受不住库水的巨大压力时,就会崩坝形成滔滔洪水。雷云体内的电荷也是这样,电荷越聚越多,它们急需找到地面上的某个通道来泄放,而这

个通道,有可能是一幢建筑物,也有可能是一座铁塔,还有可能是空旷地面上的人或动物。当人或建筑物不幸成为通道时,电荷就会通过这个通道倾泻到地面上,从而将人和动物击伤(甚至击死)、建筑物遭到破坏。防雷专家告诉我们,直击雷是威力最大的雷电,它的电压峰值通常可达几万伏甚至几百万伏,电流峰值可达几十千安乃至几百千安——这么巨大的能量从雷云中瞬间释放出来,会给人类造成极大破坏性。据不完全统计,每年雷雨季节来临时,全世界发生的直击雷高达 1700 次左右,每年有数千人遭到雷击;在比较平坦的地形上,90 米左右高的建筑物平均每年都会被击中一次,360 米及以上的高层建筑物(如电视塔),每年会被击中 20 次左右——如果没有避雷设备,这些建筑物早被毁掉了。

老二电磁脉冲,是雷电放电过程中产生的强大电磁场,它会产生静电感应、电磁感应、高电位反击、电磁波辐射等效应,特别是其产生的高电位会损坏电气设备和电子设备,对电视机、电脑、通信设备、办公设备等弱电设备破坏最为严重。据统计,每年被感应雷电击毁的用电设备事故达千万件以上。此外,雷电电磁脉冲还会产生电弧、电火花,从而引起火灾,有时候,它产生的高压感应电还会对人身造成伤害。

老三球形雷也叫球状闪电,和它的名字差不多,球形雷是一个呈

圆球形的闪电球，民间往往把它叫作滚地雷。球形雷的威力比直击雷小，一般也很少出现，相对于普通雷电来说，它显得有些神秘莫测。关于它的故事，咱们在下一节中会专门介绍。

老四云闪，是云层内部、云与云之间的放电现象。它分为云内闪电、云际闪电（两块云之间闪电）和云空闪电（云与云外大气中的闪电）三种。之所以会发生云闪，是因为同一云层中，不同部位的电荷不一样，这些电荷相互"掐架"，于是便产生了云闪。云闪时虽然也伴有雷声，但由于中间有云层遮挡，雷声衰减很快，所以我们往往只能看见"云闪"的"闪"，却听不到"云闪"的"雷"。气象专家指出，云闪虽然对人类危害不大，但对微电子设备却极具杀伤力，所以也需要对其加强防备。

## 球状闪电

球状闪电也叫球形雷。很早以前，人类就开始留意这种奇特的自然现象了。

中国北宋时期，有一位著名科学家叫沈括，他在一本自己的著作《梦溪笔谈》中，记述了一次球状闪电的实况：当时天空墨云翻滚，霹雳震得大地微微颤抖，而闪电更是照亮了天地，突然，伴随一声巨响，一团火球从天而降，滚进了城中心的一户张姓人家中。火球自天空进入"堂之西室"后，在惊慌失措的张家人注视下，又从窗间檐下而出，雷鸣电闪过后，这户人家的房屋安然无恙，但墙壁窗纸却被熏成了一团墨黑。

沈括记载中所说的"火球"，便是现代人所说的球状闪电。今天，关于球状闪电的消息和报道比比皆是——

1981年1月的一天，苏联的一架客机正在黑海附近的上空飞行。突然，一个大火球闯入驾驶舱，发出"噼噼啪啪"的爆炸声，正当驾驶舱里的人们惊慌不已时，火球又一下穿过密封的金属舱壁，出现在乘客的座舱里。它在座舱过道里滚动前行，令乘客们惊恐不安，大家注视着那个火球，不知道接下来会发生什么灾祸。不过，火球并没有让大家担心多久，它在舱里戏剧性地表演一番后，发出不大的声音，很快离开了飞机。事后检查，机头、机尾的金属壁各出现一个窟窿，但内壁却完好无损。

2007年8月21日傍晚，中国广东省广州市海珠区赤岗路一带雷电交加，"一团闪电"从天而降，把目击者惊得发呆。据目击者回忆，那道闪电像一个很大的火球，它发出很强的蓝绿色的光，虽然在小区停留的时间很短，但却震坏了不少居民家的电器。

2008年夏天的一个傍晚，北京市顺义区上空雷声大作。突然，天上掉下一个足球大小的橙色光球。光球落入一户农家院内，房屋主人还未反应过来，光球已在距地面两米左右爆炸，它发出一声巨响，向四处放出弧状光，几秒钟后，光球消失不见，房屋主人查看爆炸位置的地面，但地上却没有一丝痕迹，一切就像没有发生过一样。

球状闪电之所以神秘，是因为它并不常见，这种火球缥缈的行踪、多变的色彩和外形，以及霎时间爆发的巨大破坏力，都让人类感到迷惑不解。

专家指出，球状闪电其实是闪电形态的一种，亦称之为球闪。球状闪电的平均直径为25厘米，大多数在10～100厘米。人们常常看到的"火球"，颜色呈橙红色或红色，当它以特别明亮并使人目眩的强光出现时，也可看到黄、蓝、绿、紫等颜色，此外，它偶尔也有环状或中心向外延伸的蓝色光晕，并发出火花或射线。球状闪电的寿命一般较短，最短的只有1～5秒，也就是一眨眼的工夫，它就消失不见了。

偶尔也有"长寿"的，持续时间可以达到数分钟——一旦遭遇这种球状闪电，可以说是一场噩梦，因为身边有个圆溜溜的火球绕着你转，而且随时都会发生爆炸，那种滋味肯定很不好受。

球状闪电的行走路线很独特，它们先是从高空直接下降，接近地面时，又会突然改变方向，变成了水平移动；它们有的突然在地面出现，弯曲着身子前进，有的旋转身子，沿着地表迅速滚动。球状闪电的运动速度常为1～2米每秒，它们可以穿过门窗，像小偷般悄悄进入室内。多数火球进入室内后会无声消失，不会打扰主人，还有的则在消失时发生爆炸，给主人家造成破坏，甚至造成建筑物倒塌。

那么，球状闪电究竟是什么呢？科学家推测，球状闪电是一种气体的漩涡，它们产生于闪电通路的急转弯处，是一团带有高电荷的气体混合物，主要由氧、氮、氢以及少量的氧化氢组成。由于球状闪电出现的频率很低，难以做系统的观测，所以至今没有人拍摄到高质量的照片——如果某一天你有幸见到球状闪电或拍到它的照片，一定要把所有资料记录下来，因为那是科学家研究球状闪电的宝贵资料。

## "死亡谷"的秘密

弄清了雷电的成因及家族成员后，下面咱们通过一个具体案例，去了解一下哪些地方容易遭受雷击。

　　这个案例与一个叫那棱格勒的峡谷密切有关。那棱格勒峡谷位于中国青海省的昆仑山区，它东起青海布伦台，西至沙山，全长105千米，宽约33千米，面积3500平方千米左右。从外面往里看，一条湍急的河流在峡谷中穿行，里面湖泊众多，青草茵茵，鲜花盛开，十分美丽诱人。不过，进入这个峡谷的人和动物无一例外都会遭到死神的威胁。当地牧民进入山谷，不是离奇死亡，就是莫名其妙失踪，活着出来的人很少，当地人因此称它为"死亡谷"，也有人叫它"魔鬼谷"。

　　为了弄清死亡谷的秘密，1998年夏天，一支地质勘探队进入峡谷探险，他们在峡谷里遭遇了十分可怕的危险。

　　这天中午，勘探队来到了峡谷内的一块洼地上。午餐时间快到了，厨师老王搭起灶，生火开始做饭，队员们则三三两两地在营地附近转悠，欣赏峡谷里迷人的景色。

　　蓝天上飘荡着洁白浮云，身边河水潺潺流动，周围野花妖娆，一切显得平静而温馨。

　　"这里真是太美了！"队员们情不自禁地发出赞叹。

　　"轰隆隆"，话音未落，峡谷上空突然发出一道耀眼的闪电，接着响起巨大霹雳，震得大家耳朵嗡嗡直响。很快，好端端的天气一下发生了变化：阴云低沉，狂风四起，豆大的雨粒劈头盖脸地打下来。

　　"老王遭雷击了！"惊慌之中，有人叫了起来。大家围过去一看，只见老王倒在地上，身上发出一股烤焦的味道。

　　经过一番紧急抢救，老王终于醒了过来。

　　雷雨来得快，去得也快。很快，云雾散去，峡谷又重新变得清新迷人起来。雷雨过后，勘探队展开巡视，发现峡谷深处的河边，凌乱地躺着几匹被雷电烧焦的马的尸体。

　　这次雷击让所有人的心都提了起来。后来经过考察，勘探队发现峡谷里存在着一个强磁场，而导致磁场异常的原因，是峡谷里有大量强磁性的玄武岩石：一般情况下，强磁场在强带电上空的对流云或雷云的影响下，会使得地表的大气电场增强，从而引起放电现象。

此后十多天，科考队在峡谷里遭遇了不下 5 次雷击，亲眼看到一些动物被雷电击毙。通过考察，大家还发现了一个规律：由于峡谷中游有高大的昆仑山耸立，潮湿的气流一到这里，就会被阻挡抬升而形成云雨，所以中游的雷雨天气比较多；峡谷里经常打雷，使得这一带的树木都无法长高，再加上降雨充沛，因此这里的牧草都长得十分茂盛。牛马等动物经常跑到峡谷里来大快朵颐，不料却成了雷击的最好目标。

这个案例说明了一个问题：雷电喜欢"光顾"带磁的地方！防雷专家也告诉我们：矿藏边界处、森林的边界处和某些地质断层地带发生雷击的概率相对较高。此外，容易发生雷击的地方还包括以下这些：

（1）石山与水田、河流交界处；

（2）面对广阔水域的山岳阳坡或迎风坡；

（3）较高、孤立的山顶；

（4）孤立的杆塔及拉线，高耸建筑群及其他接地保护装置附近；

（5）以往曾频繁发生雷灾的地点。

「科学认识雷电」

# 世界雷都

在人类生活的地球上，雷电每时每刻都在活动。据统计，全球每秒钟大约有 1800 场雷雨产生，一共伴随 600 次闪电，其中有 100 个炸雷会击落地面。

你可能会问，世界上哪些地方雷电最多呀？

世界上雷电最多的地方是印度尼西亚，这个国家被称为"雷暴王国"。而印度尼西亚雷电最多的地方，又非爪哇岛的茂物市莫属。

茂物市又名博果尔市，它坐落于印度尼西亚首都雅加达以南约 60 千米处。茂物号称世界上打雷最多的地方，有"世界雷都"的美名。据统计，一年 365 天，茂物市便有 322 天在打雷，产生的雷电次数大约有 14 万次。对比一下，中国打雷最多的是云南省的西双版纳，不过，那里每年也只有大约 120 天在打雷——这个数字只相当于茂物市的三分之一！

茂物市的雷电这么多，那里的人怎么生活呢？按照常理，雷电总是和倾盆大雨结伴而行的，雷电多，大雨自然也多。事实上并非如此，茂物所在的爪哇岛每年分旱季和雨季：5～10 月是这里的旱季，当地的雨水并不多，只有 11 月至来年 4 月，雨季一到，这里才会时常下起滂沱大雨。据统计，茂物每年下雨的时间大概有 200 天左右，其余的日子，这里都是光打雷不下雨。

茂物的雷雨有个显著特点：来得猛去得快，这也就是我们上面所说的热雷电家族。如果你到茂物旅游，很快就能感受到这种雷雨的威力：早上起来，晴空万里，天上一丝云彩也没有，但一过正午，大团大团的黑云便会堆满天空。不一会儿，雷声轰隆，闪电大作，紧接着，豆大的雨粒劈头盖脸地打下来。暴雨来势凶猛，瞬间就能把人身上的衣服打个透湿。传闻，2009年11月，当时的美国总统布什访问茂物市，当地聚集了很多示威者，但警察只能干着急，因为他们不能动用武力驱逐。正当警察们左右为难时，天上雷鸣电闪，一场暴雨倾盆而下，示威者被浇得七零八落，赶紧抱头四散逃窜。警察们则如释重负，不过他们还没高兴几秒钟，便不得不赶紧用防暴盾牌遮挡扑面而来的大雨。

因为雨大雷多，所以茂物的房屋都建得很别致：房子大多矮小，一般只有一两层，3层以上的建筑物很少见，而且所有房屋的屋顶都特别陡峭。房子矮小的目的，当然是为了防雷击，当地有一句谚语叫"雷电专打出头鸟"，意思是哪家的房子修高了，就可能会遭到雷打。而屋顶盖得陡，自然是为了便于雨水排泄，不至于造成外面大雨、里面小雨的惨状。

那么，茂物的雷雨日为何特别多呢？原来，这和当地的地理地形环境有关。首先，茂物所在的爪哇岛位于太平洋上，这里四面被海洋包围，水汽十分充沛，为雷雨的孕育奠定了基础；其次，这里位于赤道附近,在火辣辣的赤道阳光照射下,水汽很快会变得又暖又湿,暖湿空气上升,很快便会形云致雨;第三,茂物市地处山间盆地之中,大量暖湿空气来到这里后,由于地形抬升,很容易在城市上空形成厚厚的积雨云。当带有不同电荷的云层相互接近时,雷电现象便产生了。

频繁的雷雨虽然给当地人增加了不少麻烦,但也因此带来了不少好处:因为雷雨多,茂物不但空气清新,而且终年气温都在25摄氏度左右,气候十分宜人,再加上当地的地面覆盖有一层肥沃的火山灰,水稻和各种热带植物都长得十分茂盛,所以这里成为了印度尼西亚经济作物产业最发达的地区。此外,茂物还拥有火山胜景和热带风光,它也被外国人评为"雅加达的后花园"。

## 闪电最集中之地

除了世界雷都茂物市,全世界还有一些地方的雷电十分惊人,比如非洲的刚果(金),那里的雷电几乎可与茂物市相媲美。

刚果(金)是非洲中部的一个国家,由于赤道横贯国土的中北部,所以这个国家大部分地区气候都十分湿热,导致雷电发生的频率极高。而该国雷电最厉害的地方,是一个名叫凯夫卡的小山村。凯夫卡四面环山,村子坐落在山间的一块空地上,几乎每天这里都会被雷雨云笼罩,雷电发作时,房屋被雷声震得"嗦嗦"作响,而闪电更是将天地照得一片透亮。据统计,这里每年每平方千米的土地上,会产生158道闪电,所以凯夫卡也被认为是世界上电力最足的地方。

不过,与凯夫卡相比,地球上还有一个闪电更为频繁的地方,它就是被人们称为"闪电最集中"之地的马拉开波湖。

　　马拉开波湖是南美洲最大的湖泊,它位于委内瑞拉西北部沿海马拉开波低地的中心,总面积14344平方千米,南北长190千米,东西宽115千米。来到这里,只见湖面广阔,浩浩荡荡,一望无际。马拉开波湖有150多条大小河流注入,其中便包括一条名叫卡塔通博的河流。在卡塔通博河与马拉开波湖交汇的地方,时常风雨大作,雷鸣电闪,有人做过统计,这个区域每年平均有260天会出现暴风雨。

　　"闪电最集中"之地,便位于暴风雨频繁光顾的这个区域内。据统计,这里每年每平方千米有250道闪电,比凯夫卡的158道多了将近100道,这也是目前为止吉尼斯纪录里闪电最多的地区。

　　还是让我们一起去看看马拉开波湖的闪电吧。那里闪电最厉害的时间,是每年的10月左右,因为这个时期正好是当地雨季,湖面每天都被雷雨云笼罩,而闪电也更加蔚为壮观。与世界雷都茂物市的雷电不同的是,这里的雷电大多出现在晚上:漆黑一片的夜空,突然会被无数条闪电照亮,仿佛无数火蛇划破了厚厚的黑幕,天地瞬间一片雪亮;雷声惊天动地,似乎要把整个大地震塌……闪电一道接着一道,平均每分钟你可以看到28道闪电,运气好的话,每小时你可以看到上千次闪电出现。如果仔细观察,你还会发现,这里的闪电竟然是彩色的,它们有的呈粉红色,有的呈黄色,有的呈淡紫色……天上竟然有五颜六色的闪电,这是怎么回事呢?原来,这是风暴把灰尘卷到空中,加上空气中的水汽含量很充沛,当闪电光穿过空气中的灰尘或水汽时,部分白光被吸收或衍射,所以闪电呈现出五彩缤纷的颜色。

　　马拉开波湖的闪电十分亮丽,人们在400千米外的地方都能看到,过去一些航海的海员曾将它当作航海的灯塔,因此这里的闪电又被称为"马拉开波灯塔"。

　　据气象专家分析,马拉开波湖之所以雷电频繁,也与当地的地形和气候环境分不开:马拉开波湖是南美洲最湿热地区之一,年降水量在1500毫米以上,加上这个大湖位于安第斯山脉的一个分支中,三面环山，十分利于雷雨云的形成：白天，湖中和周围湿地的水受热带高温的影响快速蒸发，形成大量湿热空气；夜晚来临时，海上来的信风将暖湿空气抬升，与山上的冷空气相遇，两者出现激烈交锋；上升的暖湿空气中的水滴和冷空气中的冰晶碰撞在一起，产生静电荷，释放出闪电，于是便引来了雷电交加的暴风雨。

## 雷电"报应"之谜

如果上面所说的雷击还算循规蹈矩，那么一些诡异的雷击就让人摸不着头脑了。

下面，我们先来看一起雷电伤人事件。

1996年4月的一天深夜，广西永福县广福乡风雨大作，雷鸣电闪。突然，伴随一声霹雳，一团火球直扑该乡一户人家的屋顶而去，一阵巨大的响动过后，从这户人家屋里传出了撕心裂肺的哭声：这家的女主人被雷电击中了。女主人的胸、腹和双腿被烧得焦黑，生命垂危。但令人十分惊异的是：同床而眠的女主人丈夫和孩子却安然无恙，丈夫在睡梦中被雷击惊醒后，才发现妻子遭到了雷击。由于该妇女平时对公公和婆婆不太孝顺，因此雷击事件发生后，村里的人们议论纷纷，都认为是她忤逆不孝触怒了上天，因此玉皇大帝派雷神来惩罚她。

无独有偶。1996年3月16日晚，湖南省祁阳县大忠镇上空霹雳震天。这天晚上,该镇有两兄弟睡在自家的床上被雷电击中身亡。但令人不可思议的是:两兄弟的妻子当时都与自己的丈夫睡在一起,但她们却毫发未损。

还有一些雷击事件,同样令人感到困惑不解。1998年7月的一天下午3点多,辽宁一个叫赵家沟的地方乌云翻滚,接着传来了震耳欲聋的雷声。不一会,倾盆大雨从天而降。在地里干活的人们赶紧拾起锄  头往家里跑,其中一个姓李的村民和两个邻居走在一起,就在快要走到家门口时,忽然一道白光在三人面前一闪,只听"咔嚓"一声,李姓村民被雷电击倒身亡,他身上的衣服也在瞬间被烧成了灰烬,而与他走在一起、相距不到三米远的另外两个村民都平安无事。对两起离奇事件,村民议论是不是"老天爷"要惩罚他们。

为什么会出现上述这些雷电"报应"的现象呢?气象专家解释:天上之所以会出现打雷和闪电现象,是因为在云的不同部位聚集了两种极性不同的电荷,使得云的内部和云与地面之间形成了很强的电场,一旦条件成熟,这些电场就会在云与地面之间、云与云之间,以及一块云的不同部位之间爆发出强大的电火花,从而形成闪电。专家指出,闪电通道内的电流可达1万到十几万安培,而闪电通道却非常狭窄,其直径仅有十到几十厘米,因此,当其放电时,会使得电光周围的空气温度达到2万多摄氏度,在瞬间即可将人烧成灰烬,同时,由于闪电的通道很窄,只会击中地面上很小范围内的人或物体,这就是为什么同床而眠或在一起行走的几个人,只有其中一个人遭到了雷击,而其他人却安然无恙的原因。

「科学认识雷电」

## 奇特的冬雷震震

咱们再来看一种奇特的现象：冬雷震震。

冬天会打雷吗？按理说应该不会，我国古代民歌中有一句"冬雷震震，夏雨雪，天地合，乃敢与君绝"，就是说是这种违背自然规律的怪异天气现象不可能出现。气象专家也指出，雷暴通常产生于雷雨云中，夏季空气暖湿，再加上对流强盛，因而容易产生雷暴，而冬季气温较低，空气也很难对流，因此很少生成雷雨云，产生雷暴的概率可以说微乎其微。

那么，冬天打雷，这种天气现象会不会发生呢？

2007年2月6日深夜10时许，山城重庆突然大雨倾盆，一场突如其来的雷暴袭击了整个市区，一时间山城上空电光闪闪，霹雳震天。直至7日凌晨4时许，雷雨才逐渐散去。这场雷暴迫使由深圳、北京、上海、海口、昆明、丽江、三亚返渝的9个航班备降到周边的成都、昆明机场，1200多名旅客的回渝行程暂时搁浅。

这场雷暴虽然发生在立春后（2月4日立春），名义上可称为春雷，但立春仅两天雷暴便前来光顾，而且强度如此剧烈，在当地十分罕见。因此人们非常惊异，不少市民打电话到气象局询问原因。据气象专家分析，这场雷暴可能是因为冬季持续的晴好天气造成的：入冬以来天气持续晴好，气温偏高，造成了严冬不寒、初春俨然仲春的气候环境，一旦高空有冷空气入侵，冷暖气流一融合便产生了强烈的对流性天气，从而出现了雷声隆隆的现象。

如果说重庆出现的"冬雷震震"现象有点牵强，那么，1990年沈阳等地出现的下雪天打雷就更加的名副其实了。

1990年12月21日下午，沈阳、鞍山、宽甸、丹东、岫岩等地上空黑云翻滚，铺天盖地的云层把大地笼罩得严严实实，从下午1时开始，大片大片的雪花从天而降，很快大地上便白茫茫一片。奇怪的是，在大雪纷飞的同时，天空还伴随着轰隆隆的雷声。雷声一直没有停歇。直到傍晚，飘飞的雪花逐渐减弱后，雷声才偃旗息鼓，停歇了下来。由于下雪天打雷这种现象在当地几乎从未出现过，当地人们议论纷纷。当地的气象专家在经过深入分析研究后，对这种"冬雷震震"现象做出了科学解释。

原来这次下雪天打雷的天气，是由一个发展强烈的气旋暖锋引发的：大量的暖湿空气沿着干冷空气向上爬升，冷暖空气之间剧烈交锋，由于双方力量相当，汇合十分激烈，因而产生了强烈的上、下空气对流，发展形成了雷暴云，再加上云底是低于零度的冷空气，符合降雪的条件，所以出现了云中打雷、云底下雪的天气现象。

由此看来，冬雷震震并不神秘，当你冬天听到天上打雷时，大可不必惊讶，因为这也是自然界的一种正常现象。

## 雷灾猛于虎

上面咱们说了许多雷电的事儿，那么雷电到底有哪些危害呢？

「科学认识雷电」

气象专家指出，雷鸣电闪的时候，其电流可高达几万到几十万安培，感应电压可高达上万伏，瞬间就能使局部的空气温度升高数千度以上，空气压强高达几十个大气压，因此，雷电具有极强的破坏力，在20世纪末联合国组织的国际减灾十年世界大会活动中，雷电灾害被列为最严重的十大自然灾害之一。

雷灾猛于虎！古今中外，雷击使人伤亡的例子屡见不鲜。据《金史·五行志》记载，1232年10月9日，当时地处北方的金国"天兴元年九月辛丑，大雷，工部尚书蒲乃速震死"。这可以说是北京地区历史上雷击致人死亡的最早记载了。18世纪的欧洲，有人认为雷鸣电闪时敲击教堂的钟，向上帝祈祷就可免遭雷击。结果，在33年中有86座教堂被雷击，103名敲钟人被雷打死。1874年9月22日，澳门上空风雨大作，雷鸣电闪。突然一个巨大的霹雳打来，澳门最古老的天主教堂遭雷击起火，大火殃及了附近的楼宇民宅，造成1000多人死亡。1975年，历史上最猛烈的雷电袭击津巴布韦，该国一个叫乌姆塔里的乡村遭到雷击，仅一幢小屋就有21人被雷击死。1996年7月20日，印度东北部地区雷雨不断，雷电击中了比哈尔邦的一座校舍，造成15名小学生死亡，多人受伤。雷电还将树下五个人全部烧死，将另外四名在田间劳作的农民击死。2014年1月24日，刚果（金）第三大城市姆布吉马伊附近的一个军火库被雷电击中引发火灾，导致了一次大爆炸，造成至少20人死亡，50余人受伤，多座房屋被毁，整个城市呈现出一片荒凉景象。

可以说，雷电是一种不可避免的自然灾害。地球上任何时候都有雷电在活动。前面咱们已经说过，全世界每秒钟会产生600次闪电，其中有100个炸雷会击落地面。这些雷电会造成建筑物、发电装置、通信和影视设备遭受破坏，同时引起火灾，击伤人畜，全球每年因雷电遭受的经济损失约10亿美元，约有4000多人惨遭雷击，其中美国每年有将近400人被雷击致死，财产损失高达2.6亿美元。

中国也是一个雷电灾害频发的国家，如在山东省的临沂地区，平均每年约有39人因雷击伤亡；在湖南省溆浦县戈竹坪乡，有一个叫山背村的罕见雷区，近10多年来先后有8人被雷电击死，  115人被击伤；四川的甘孜、阿坝、凉山、攀枝花等地也是雷灾高发区，2004年7月4的一天，四川盐源县的甘塘、德石、平川等乡发生了一次罕见雷击事故，造成6人死亡，9人受伤。不过，中国雷灾最严重的，还数广东省以南的地区，特别是东莞、深圳、惠州一带。如东莞近年来雷灾最为严重，雷电伤人事件在东莞每年都会发生，在雷电高发的5至8月间，雷灾带来的经济亏损占当季GDP比例的百分之六左右。

气象专家指出，目前人类还没有有效的办法阻止雷电发生，最有效的措施就是及时做出准确的雷电预报，以便采取对应之策躲避雷击，最大限度地避免伤亡和损失。对我们每一个人来说，平时应学习一些防雷知识，掌握逃生要领，以便在雷电袭来时躲避灾害。

## 雷电趣闻

你听说过雷电还会治病吗？

没错，在一些不可思议的雷击中，有的人遭受雷击后非但没有毙命，反而在受到雷击的瞬间，不知不觉中治愈了不治之症。

「科学认识雷电」

请看下面一个不可思议的雷击事例。

在法国南部的小镇上,有一位开旅馆的老板。这位老板是一个风湿病患者,他看过很多医生,都无法治愈,相反,风湿病却越来越严重,到后来,他的手脚不能动了,每天只能躺在床上。夏季的一天,老板被家人抱到门前的躺椅上晒太阳。不知不觉,天气发生了变化,小镇上空雷电大作。老板想回到屋里,但手脚不听使唤,而家人们此时都在楼上为客人们服务,无暇顾及他。突然,一道闪电袭来,一下击中了躺椅,老板闷哼一声,双眼紧闭,昏迷了过去。家人及邻居赶来,都以为他可能受了重伤。不料,老板苏醒过来后,竟一下从躺椅上站起来,快步向屋里走去。事后经医生检查,发现他的手脚已经康复如初。

与这位法国老板一样被幸运女神眷顾的,还有一位英国男子。这位英国肯特郡的中年男子因为瘫痪,在床上躺了20年。一天,一道闪电击中了这位男子的房屋,正当人们以为他已经遇难时,不料这位男子却从自己家中走了出来。大家以为遇到了鬼魂,吓得赶紧逃跑。后来经医生证实,该男子的身体竟已经恢复健康,可以行动自如了。

印度也有一位双目失明的老人,在雷击中幸运重见光明。此前,这位老人患了白内障,导致双眼无法看见光明。1980年夏季的一天,天空阴云密布,风雨欲来。老人正在家中睡觉,突然,一个巨大的闷雷响起,电光一下窜进他家窗户,击中了床上的老人。一瞬间,老人感觉脑子迷糊了几秒钟,之后便昏睡了过去。第二天,他一觉醒来,惊喜地发现自己已重见了光明。

雷电为什么能给人治病呢?这个问题目前还没有科学的解释,有人分析,这可能是雷电瞬间释放的高电压,打通了人身上某些闭锁的穴道,从而使身体某些部位恢复了健康。

雷电不但能帮人"治病",还能帮人"做饭"呢,这其中最有意思的是雷电烹烤鸭。

由于特殊的地理环境,美国是全世界雷电最多的国家之一。在美国一个叫龙尼昂威尔的小城,曾经发生过一起雷电侵袭造成的搞笑事。某年夏季的一个下午,龙尼昂威尔上空黑云翻滚,雷鸣电闪,一位叫凯丽的主妇当时正在市场上买东西,眼看一场暴风雨即将到来,她匆匆忙忙往家中赶去。到家后,凯丽将买好的菜清洗干净,准备放入冰箱贮存。不料她打开冰箱,一股烤肉的香味扑鼻而来,仔细一看,冰箱里的烤鸭、烤肉等熟食品正冒着热气哩。这是怎么回事呢?凯丽大吃一惊,因为她清楚地记得,这些东西是昨天她亲手放进去的,并且放进去时完全是生的。是谁把鸭子和肉烤熟了呢?凯丽百思不解,她怀疑有人在暗中捣鬼,于是立即报了警。后来,经过科学家现场调查,发现这是球状闪电开的玩笑:这个坏家伙不知怎么搞的,竟然钻到了冰箱里,刹那间把冰箱变成了电炉,不过,奇怪的是冰箱竟没有损坏。

雷电帮厨最典型的例子还有一个:1963年10月3日,英国伦敦雷雨交加。突然,一个球状闪电落入一户居民家中。它进入房间后,先是烧焦了窗框,最后滚到一个装满15升水的桶中,将桶中的冷水烧开,并且使水沸腾了好几分钟呢。

雷电不但能"治病"和"帮厨",还会表演令人不可思议的"魔术"。

1962年9月,美国艾奥瓦州遭到雷雨的袭击,雷电窜进了该州一个餐馆里,上演了一场令人目瞪口呆的"魔术"。当时餐馆的房间里放着一张大餐桌,雷电在上面溜了一圈后,餐桌完好无损,雷电似乎对它毫无兴趣,不过,餐桌上放着的一叠菜碟却遭了殃。这叠菜碟一共16个,每隔一个被雷击碎一个,总

「科学认识雷电」

共有 8 个被击碎，餐桌上、地面上满是菜碟碎片，然而，没有击碎的菜碟仍叠放着，令人感觉不可思议。有人分析，这 16 个菜碟叠在一起，组成了一个类似电容器的东西，在大气的强烈电场作用下，导致一些菜碟被击碎。不过，对这种怪现象，至今无人能做出令人信服的科学解释。

雷电还干过一些恶作剧。在苏联曾经发生过一件怪事：一次大雷雨，有个男子遭到雷击后，当即昏迷不醒。10 分钟后，他从寒冷中醒来，惊讶地发现自己全身一丝不挂——身上的衣服被雷电剥得精光，只剩下一些从皮靴上落下来的铁钉和一只衬衫袖子。法国也发生过因雷电引起的类似的恶作剧：1987 年 8 月的一天中午，法国某小镇近郊雷电大作，突然一声巨大的轰鸣响起，几道闪电同时向一片麦地袭来。正在地里收割麦子的一家四口人急忙躲到麦秸堆里，可惜还是迟了一步，父亲先被雷电打昏，紧接着儿子也被打倒在地，只有母亲和女儿没有受伤。几分钟后，父亲和儿子醒来，发现身上的衣服不翼而飞——他们的衣服被雷电"脱"下来后，扔到了另一块麦地里。

雷电甚至还会帮人"找"钱包呢！在奥地利曾经发生过这样一件怪事：一名叫德莱金格的医生住在维也纳市郊，有一次，他从市里出诊，乘马车回到家时，发现装在口袋里的钱包被人偷走了。德莱金格医生的钱包是用玳瑁制成的，而且钱包上有用不锈钢镶着的两个互相交叉的"D"字，这是他姓名的缩写。钱包丢失令德莱金格医生有些沮丧，因为这个钱包是未婚妻赠送给他的。当晚，维也纳雷雨大作。雷电停止后，德莱金格医生被人请去，抢救一个被雷击中的外国人。到现场一看，那人躺在树下，已经奄奄一息。德莱金格医生在检查时，突然发现他的大腿上赫然印有两个交叉的"D"字，同医生钱包上的"D"字一模一样。没费吹灰之力，德莱金格医生便在这个外国人的衣服口袋里找到了自己的钱包。原来，这个外国人偷了德莱金格医生的钱包后，把它装在了裤子口袋里。不想这个钱包却成了"引雷"导火索，雷电先是打中钱包，再穿过他的身体进入地下，并在其身上留下了"罪证"。

　　有时候，雷电还会"夺走"人们手里的东西。在苏联，某人有一天在屋里闲坐，当他把茶杯端起来正要喝茶时，突然一道闪电从眼前掠过，他手里的茶杯竟然被雷扔到了院子里，奇怪的是，他并没有受伤，而茶杯也完好无损。在中非的某个国家，有一次，一个农村孩子扛着草叉子往家跑，这时天上风雨大作，突然一道闪电袭来，孩子手里的草叉子一下被雷扔到了五十米开外，把他惊得目瞪口呆……

# 雷电来临前兆

# 青蛙叫,雷雨到

与地震、火山、海啸等自然灾害一样,雷电来临前也会有征兆。

很多时候,雷电都是和大雨、暴雨一起"驾到"的,它们合起来叫作"雷雨"。那么,雷雨天气来临前有哪些征兆呢?

有一种两栖动物可会"预报"雷雨了,它就是我们众所周知的青蛙。

青蛙是益虫,也是人类的好朋友,它们白天在稻田里忙着捕捉害虫,到了晚上,"青蛙王子们"便亮开嗓门集体 PK,比赛谁的声音最大,谁叫得最好听。当然,歌声最动听的胜利者,将会得到"青蛙小姐"的垂青,并最终"英雄抱得美人归"。

从常识来说,青蛙们在白天一般是不会叫的,因为"呱呱"声一起,就会惊扰猎物。不过,有的时候,青蛙们在白天也会高声"歌唱"。

2013 年初夏的一天,几名城里游客便在四川省汉源县富庄镇河东村感受了青蛙白天"唱歌"的情景。

河东村虽然地处浅山区,但土壤好,水源便利,因此一到夏天,村前村后的大片田地里都栽满了稻秧。一到晚上,稻田里的青蛙们彻夜"对歌",将山村寂静的夜晚搞得热闹非凡。一些城里人为了体验农村的生活,往往会趁周末或节假日到村里的"农家乐"住一晚上,感受那种"稻花乡里说丰年,听取蛙声一片"的意境。

不过,这几名城里的客人来到河东村的当天,便意外地听到了远

「雷电来临前兆」

近稻田里传来的"呱呱"声。当时是下午四五点钟,客人们刚在"农家乐"住下,便听到外面传来"呱呱"的声音。叫声开始并不大,而且只是偶尔几声,不一会儿,"呱呱"声便连成一片,而且越来越大,整个山村都似乎笼罩在了它们的喧嚣之中。

"真是奇怪了,刚才咱们进村时,田里还是静悄悄的,这会儿怎么叫得这么欢?"有客人提出疑问。

"咱们远道而来,可能是青蛙们用这种方式欢迎远方的客人吧。"有人开玩笑。

客人们走出"农家乐",来到附近的田地,可能是受到了惊扰,田地里叫声一下停止了,但仅仅过了不到半分钟,"呱呱"声又亢奋地响了起来。仔细搜寻,可以看到一只只青绿色的小青蛙或蹲在田埂边,或趴在稻秧上,每一只都卖力地大声唱着,其情其景煞是可人。

稻田边,一位老人正在排水,它将稻田挖开一个缺口,田里的水迅速流了出去,稻秧的根部很快露了出来。

"老人家,秧苗正是需要水的时候,你怎么把水排空了呢?"客人不解地问。

"不排不行啊,今晚有雷阵雨,到时雨一下,田里的水太多了,会把秧苗浮起来。"老人不紧不慢地回答。

"你怎么知道今晚有雷雨?"客人好奇地问,"难道你收到了天气预报?"

"我种了一辈子庄稼,天上会不会打雷下雨,自然有人给我通风报信,"老人哈哈一笑,"你们瞧,田里的那些小家伙,不正在给我们庄稼人报信吗?"

"你是说田里的那些小青蛙?"

"是呀,青蛙一般都是晚上叫,如果它们白天叫,那就说明天气有变化。叫得越凶,打雷下雨的可能性越大。"老人说完,又走到另一块田里去了。

客人们将信将疑，一个小时后，他们的手机便收到了气象局发布的雷雨天气预报。当天晚上，富庄镇一带果然雷声隆隆，风雨大作，雷雨天气持续到第二天凌晨5时左右，河水猛涨，一些干涸的小河沟也涌出了洪水。

青蛙白天叫，雷雨为何就会来到呢？

原来，这是由于青蛙皮肤的特点决定的：青蛙的皮肤必须保持湿润，但又要保持透气性，这样它就可以通过皮肤来进行呼吸。当天气晴朗，空气比较干燥时，青蛙皮肤的水分蒸发加快，所以它必须时刻待在水中以保持皮肤湿润，因此便不会叫唤；而当雷雨天气来临时，空气中的水汽增加，皮肤水分不易挥发，再加上水中比较闷热，因此它们就会跳出水面，大声唱起歌来了。民间有谚语：青蛙叫，雷雨到，说的就是这个意思。

在动物界，青蛙被称为"活晴雨表"。在非洲，当地的一些土著居民现在都还通过观察蛙的行为来判断天气。那里的蛙生活在丛林中，因此也被称为树蛙。这种蛙与青蛙的体形和颜色差不多，不过它们的本事却比青蛙大得多——会爬树。平时，树蛙们栖息在丛林的小河边或池塘中，每当天气要发生变化，特别是雷雨将临时，它们就会从水里爬出来，选择一棵结实的大树爬上去。当地人只要看到树蛙爬树，便知道十有八九会打雷下雨，于是大家便提前做好防灾工作。

据分析，树蛙爬树的原因，一是水中空气闷热，它们待在里面感觉很不舒服，二是皮肤水分需要挥发，还有一个更重要的原因，便是热带丛林中的雨量特别大，雷阵雨一下，很多时候就会带来洪涝，树蛙们可能是意识到这点，为了避免被水淹，于是爬到树上避险。

「雷电来临前兆」

青蛙会预报雷雨天气,它的"亲戚"——蟾蜍也有这种本领。蟾蜍身上长满一个个疙瘩,因此民间也叫它"癞蛤蟆"。蟾蜍的生存适应能力比青蛙更强,它们经常在农家的院坝里爬来爬去,如果白天听到它们叫唤或者看到它们张嘴,说明天气有可能会变化,因此,农村有这样的谚语:"蛤蟆大声叫,必是大雨到""蛤蟆打哈欠,雷雨下成片"。

## 蚂蚁搬家,雷鸣雨下

蚂蚁是我们熟知的小动物,它们整天在地面上爬来爬去,如果不仔细观察,你可能会忽视它们的存在。不过,千万不要小瞧这些不起眼的小家伙,它们在应对雷雨天气侵袭方面,表现得可聪明了。

2010年8月13日中午,居住在山东淄博高新区的杨女士下班后,打开自家房门,突然发现窗户边有一条粗粗的黑线,走近一看,不禁吓了一大跳:这条黑线原来是蚂蚁大军组成的!只见成千上万只蚂蚁沿着窗户缝隙爬了进来,一直爬进了她家的杂物间里,前面的蚂蚁已经找到了落脚的地方,而后面的蚂蚁还在络绎不绝地爬进来。黑压压的蚂蚁大军把杨女士吓得够呛,她赶紧叫来老公。当天下午,夫妻俩找来杀虫药,将蚂蚁们彻底驱逐出了屋子。可到了晚上,又有大批蚂蚁爬进了屋里……惊恐不安的杨女士没辙了,赶紧向林业专家求助。专家经过一番仔细勘察后,认为"蚂蚁搬家"是一种正常的自然现象,它很可能是雷雨将临的征兆:因为蚁窝的位置较低,雷阵雨一下,蚂蚁窝很可能会被积水淹没,因此它们急着将家搬到高处,只是千不该万不该,它们选择了人类的房屋作为新家。

在专家的建议下，杨女士用杀虫药沿着窗户边喷洒了一圈，使得蚂蚁们无法入内，只得选择到别处安家去了。蚂蚁事件后的第二天晚上，当地果然又打雷又下暴雨，原来的蚁窝"水淹七军"，成了一片泽国。

"蚂蚁搬家"最典型的事例，发生在江苏省丹阳市访仙镇觊山村。2010年5月初，觊山村出现了盛况空前的蚂蚁搬家现象。成千上万的蚂蚁组成浩浩荡荡的蚁军，队伍绵延长达60余米，最宽处约10厘米。蚂蚁大军双向而行，队伍有来有往，来的嘴里都衔着白色的蚁卵，去的则嘴里空空如也。如此庞大的阵容，让村里的小猫们都受到了惊吓，任凭主人怎么驱赶，它们就是不敢出门。

大规模的蚂蚁迁徙使村民们颇感惊奇，有人试图破坏蚂蚁行进的路线，他们用开水、笤帚、扫把进行驱赶，尽管不少蚂蚁丧命，蚁群也曾一度改变路线，然而，路面水干之后，蚂蚁大军又重新恢复了之前的"行军"路线……蚂蚁搬家从5月5日开始，一直持续到7日下午才"鸣金收兵"。有经验的老人当时便指出：蚂蚁拦路，天气要变，可能这里即将有大雷大雨来临。果不其然，第二天凌晨，当地经历了一场猛烈的雷雨天气，雷电打得人心惊胆战，而倾盆大雨更是使平地水起，许多低洼地带洪浪滔滔。

小小的蚂蚁为何可以"预报"雷雨天气呢？有人分析，雷雨来临之前，空气中的水汽遇到凉爽的地面后，会凝结出细小水滴，蚂蚁感知到这个变化后，便会判断出雷雨将临，为了避免巢穴被淹，它们就会集体出动，将家搬往高处避难。人们通过观察蚂蚁的行为，总结出了一些预报天气的谚语："蚂蚁成群，明天不晴""蚂蚁排成行，大雨

「雷电来临前兆」

茫茫；蚂蚁搬家，大雨哗哗；蚂蚁衔蛋跑，大雨就来到""蚂蚁成群出洞，雷雨很快降临"。

所以，当你在看到蚂蚁搬家时，一定要做好防御雷电和大雨的准备哦。

## 蚯蚓出洞，雷雨报到

蚯蚓也是有智慧的小家伙，在雷雨天气来临前，它们也会爬出洞来向人类"通风报信"。

2004年夏末的一天下午，重庆江津区德感渡口码头的沙滩上，出现了成千上万条蚯蚓，它们簇拥在长约50米、宽约10米的沙滩上，横七竖八地蠕动着深褐色或深绿色的身体，看上去十分瘆人。

据当地的村民讲，这些蚯蚓是从中午开始钻出沙洞的，它们一出来便往沙滩上爬，似乎是想到沙滩上"赶集"。到了下午3时，沙滩上的蚯蚓越聚越多。在江边觅食的鸭子看到这些天下掉下来的"馅饼"大喜过望，纷纷赶来大吃特吃。一些螃蟹嗅到蚯蚓气味后，也从岸边的洞里钻出来觅食。

据围观者推算，这天下午"赶集"的蚯蚓数量超过了3万条。下午5时左右，蚯蚓们纷纷钻进沙土里，沙滩上留下了一个个形如金字塔、大小如小指头的沙团。据当地老人讲，江边蚯蚓出洞上沙滩，是雷雨来临或涨水的前兆。之后不久，江水果然因雷阵雨而上涨。

蚯蚓"赶集"的事儿，广东也曾经出现过：2010年9月的一天中午，广州市大坦沙江边上，成千上万条蚯蚓爬出洞，一堆一堆地聚集在地面，引起了市民们的恐慌，有人甚至猜测是不是地震的前兆。一时间,大街小巷议论纷纷,报社记者和专家也闻讯前去探视。经过仔细分析,专家否定了地震前兆之说,指出蚯蚓出洞有可能是受天气的影响,让大家不要恐慌。结果当天下午,一场雷雨不期而至。雷雨过后,此时再到江边去看,蚯蚓们已经消逝得无影无踪。

为什么蚯蚓出洞,雷雨就要来临呢?有专家分析,这可能有两方面的原因:一是雷雨天气来临前,气压很低,再加上空气湿度很大,地下洞穴十分闷热,蚯蚓们不堪忍受,于是便不约而同地爬到地面上来"乘凉";二是蚯蚓们会感受强降雨,为了不被水淹,会从泥土里钻出来,爬到地势较高的地方避险,所以农村常有"蚯蚓出洞,雷雨报到"的民谚。

除了蚯蚓,身小智慧大、能感受雷雨天气的小家伙,还有昆虫界的"美声歌唱家"蟋蟀。夏天的晚上,我们经常会听到蟋蟀引吭高歌。不过,蟋蟀唱歌可是有讲究的哦:如果它们是在地面上唱歌,那表明第二天必定是好天气,而如果它们跑到房顶上去唱,那就要注意了,因为一场雷雨可能即将到来,因此人们有"蟋蟀上房叫,庄稼挨水泡"的说法。

昆虫界的"通俗歌唱家"——蝉,它们唱歌也暗藏玄机:炎炎夏

「雷电来临前兆」

日里,蝉鸣预示着炎热天气将持续,不过当蝉鸣断断续续时,就预示着雷雨大风天气将来临,所以有"蝉儿叫叫停停,雷雨大风要来临"的说法。

此外,昆虫界的能工巧匠——蜘蛛的智慧也不可小视。蜘蛛不但能织出精美的"八卦阵",而且它们织网的时机也掌握得恰到好处:当它们感知到雷雨或连续阴雨天气将来临时,便会躲到屋檐下睡大觉,等到风雨过后,天将转晴时,它们才爬出来,专心致志地织出大网,等待猎物自动送上门,因此人们总结出"蜘蛛结网准送晴,蜘蛛收网天准阴"的谚语。

平时,只要我们细心观察这些小家伙们的举动,说不定你也能预测雷雨何时到来呢。

## 麻雀洗澡有雷雨

在前面"科学认识雷电"的章节里,我们说到了雷电出现前天气往往十分闷热;反过来说,天气闷热也可能是雷雨天气出现的征兆。

麻雀对闷热天气十分敏感。我们还是通过一个小故事,去看看麻雀是如何"预报"雷雨的吧。

夏季暑假的一天,小米和豆豆到乡下的外公家作客。小米和豆豆是一对双胞胎姐弟,今年11岁。到乡下的第二天早上,姐弟俩便相约到村前的小河边去玩耍。玩着玩着,他们忽然看到一群麻雀从远处飞来,齐刷刷地落到了小河边。正当他们感到有些诧异时,只见麻雀们把小脑袋伸进河水中,有的撩起水花往身上浇淋,有的则干脆挥动翅膀,拼命往身上浇水。一时间,小河边叽叽喳喳,水花飞溅,热闹非凡。

"这些麻雀怎么啦?它们不担心把翅膀弄湿吗?"豆豆感到十分好奇。

"可能是天气太热,麻雀受不了,也下河洗澡来了。"小米揣测。

姐弟俩站在河边,兴致勃勃地观看麻雀洗澡。麻雀们熙熙攘攘,你来我往,有的飞走了,有的才急匆匆地赶来加入洗澡队伍。它们的热乎劲儿,把河边的两个小客人都看呆了。

"小米,豆豆,快回家吃午饭!"为了叫姐弟俩吃饭,外公也来了小河边。

"外公,那边有一群麻雀在洗澡,"李豆豆跑到外公身边说,"乡下的麻雀是不是经常洗澡?"

"麻雀在洗澡吗?"外公走到小河边,看了一会儿,摇了摇头,"看这样子,可能要打雷下大雨了。"

"麻雀洗澡就会下雨?"姐弟俩都觉得惊奇。

"是呀,今天洗澡的麻雀是一大群,看来这雷雨还不小呢,说不定会下暴雨。"

"这是为什么呢?"

「雷电来临前兆」

"这个,我也说不清楚,咱们还是赶紧回去吃午饭吧,"外公说,"吃过午饭,我得和你外婆赶紧去地里,把成熟的庄稼抢收了。"

小米和豆豆将信将疑,他们实在想不明白:麻雀洗澡和天上的雷雨到底有何关系?揣着这个问题,他们一直等到天黑,但半点雨的影子都没有。不过,半夜时分,就在姐弟俩熟睡之时,一阵猛烈的雷声响起,随即,豆大的雨点从天而降……

看到这里,你心里可能会涌起小米和豆豆的疑问:麻雀怎么会提前预知雷雨天气呢?其实,麻雀可没有这么聪明,专家告诉我们,麻雀之所以下河洗澡,乃是雷雨天气来临前,空气中的水汽含量增加,再加上气温高,空气变得又湿又热,而麻雀身上的羽毛较厚,它们感到又热又痒,于是便飞到浅水里洗澡散热来了。一般来说,麻雀洗澡,预示着短时间内就会有雨天出现;如果是大群麻雀洗澡,则预示未来将有大雷大雨天气出现,民间谚语"群雀洗凉,雨又大又强",说的正是这个意思。

其实,雷雨天气来临前,我们人体也会有这样的感受:天气闷热,有时甚至会感到呼吸困难,这是因为雷雨是低气压天气系统,它到来时,空气中的氧气会减少,所以才导致我们呼吸困难,感觉身体不适。

# 花椰菜云会打雷

打雷闪电,离不开天上的云。让我们把目光望向天空,去看看哪些云会"制造"雷电。

首先要出场的,是一种外形像花椰菜的云,它的学名叫浓积云。浓积云是低云族的一种,它身材臃肿,脑袋很像花椰菜,不但会打雷和闪电，有时还会产生阵性降水哩。

2008年7月的一天傍晚，南京上空出现了一朵硕大的怪云：云体高大，轮廓清晰，底部较平，顶部呈圆弧形重叠，就像一只巨大的花椰菜飘在天上。云朵四周镶着白边，中间却呈火红的颜色，显得十分壮观。更令人奇怪的是，在这朵"花椰菜"的后面，还飘浮着另外一层薄薄的碎云，它们呈放射状，看上去像北极光一样。

由于不久前，与南京相距不远的句容县发生过一次3.6级地震，地震级别不大，但南京许多人都感觉到了震动。这朵闪闪发光的花椰菜状云出现后，当地群众一下把它与地震联系了起来。"这会不会是地震云哟？"人们议论纷纷，有人用手机拍下了怪云，并把它发送给电视台记者，声称看到了地震云。为解开市民们心中的疑惑，记者当即采访了地震专家和气象专家。地震专家否认了地震云之说，指出资料上的地震云有"线状""草绳状"或"宛如长蛇"等等，而市民们拍到的花椰菜云与地震云外形相差甚远。气象专家经过仔细辨认后，终于道出了"花椰菜"云的庐山真面目，原来它就是我们夏天经常看到的浓积云。这一天的浓积云之所以与众不同，是因为它出现的时间较晚，在夕阳的余光照射下，云层散发出诡异的色彩，因此才被市民们误认为是地震云。

气象专家还指出，浓积云出现后，很可能会出现打雷和下雨的现象。果然，当天晚上8时左右，南京上空雷声隆隆，闪电频现，一场大雨不期而至。

浓积云"预报"雷电的现象，在北京也出现过。2012年6月4日傍晚6时许，北京市的一些"上班族"目睹了一场由彩虹与"花椰菜"云上演的视觉盛宴。当时在

「雷电来临前兆」

地铁昌平线高教园站下车的乘客们，一出地铁口便看到天空中出现了两条美丽彩虹：一条彩虹在上面，而另一条位置稍低，两条彩虹横跨天际，看上去壮观而又美丽。几分钟后，彩虹"表演"结束，大家又发现东面的天空中有一块硕大的彩云。云体浓厚庞大，底部比较平坦，顶部却成重叠的圆弧形凸起，看上去仿佛巨形花椰菜，又像是一朵硕大的蘑菇，它在夕阳照射下闪闪发光。正当人们兴致勃勃地观赏时，突然从云层中迸发出一道道闪电，紧接着雷声隆隆响起，其情其景十分壮观。大家纷纷用手机拍下照片，并通过手机进行了分享。有人这样写道："这场面像极了核爆炸的末日景象，平时只能在电视中看到，看着真过瘾！"

不过，也有人担心这种云可能预兆着某种灾难。为此，媒体记者专程采访了中国气象局的专家。专家指出：北京上空出现的该气象景观其实是浓积云，它主要是因为一股高空冷涡气团影响而形成的，加之当时京城能见度较好，所以市民才看到了这一气象景观。气象专家提醒，浓积云只是一种气象现象，并不是某种灾难预兆，不过，这种云出现后，往往会有雷电和阵雨发生。

为什么浓积云的出现会伴随打雷闪电呢？气象专家告诉我们，浓积云是由大小不同尺度的水滴组成，当云发展旺盛时，云中上升气流流速可达10～20米每秒。由于云中的上升气流特别强，其底部可以从近地面的低空开始，一直延伸到25000米的高空。当云顶温度在零下10摄氏度以下时，云中会出现过冷水滴、冻滴、霰和冰晶等。这些水滴和冰晶携带的电荷不同，在它们高速"碰撞"下，雷电便诞生了。专家还特别指出，夏天的早上，如果看到天上出现浓积云，表明空气层结构很不稳定，一般午后就会有雷雨产生。

## 鬃状云，要打雷

前面我们介绍雷电的时候，多次说到"雷雨云"这一概念，在气象学上，雷雨云有一个专业的名字——积雨云。

积雨云也叫雷暴云，光听名字就知道了，这是一个很厉害的家伙。积雨云家族有两兄弟：大哥鬃积雨云和小弟秃积雨云。秃积雨云是积雨云的初始阶段，而鬃积雨云则是对流发展的极盛阶段。秃积雨云存在的时间往往较短：它要么自行消失，要么发展成鬃积雨云。我们平时所说的雷雨云，一般指的就是鬃积雨云。从家族渊源来说，秃积雨云和鬃积雨云都是浓积云的儿子，小哥俩都是从浓积云"进化"而来的：浓积云形成后，空气对流运动继续增强，云顶向上发展更加旺盛，当达到一定高度后，浓积云的花椰菜状"脑袋"冻结成冰晶，慢慢变成了马鬃状，于是积雨云便诞生了。

积雨云一旦形成，往往会带来猛烈的雷电。让我们先看一个这方面的例子。2014年夏季的一天下午，在意大利撒丁岛，一群游客正在海边玩耍。这天的天气很好，天空晴朗，微风习习，游客们有的在沙滩上晒太阳，有的下到海里游泳，有的在岸边的礁石上玩耍。不知不觉，天空渐渐出现了一些碎云，再后来，碎云合拢在一起，形成了高耸的云山，而云顶则出现了马鬃状——积雨云形成了！

"要打雷下雨了，大家赶紧回酒店吧！"导游看了看天空，不无担心地招呼大家。

"NO，我们不想回去，能多玩一会吗？"有人玩兴正浓。

"这儿的雷很凶，待在海边会很危险。再说了，到时还会下大雨。"

「雷电来临前兆」

"没事，下雨正好可以洗个雨水浴……"

无论导游怎么劝说，有几个游客始终不愿回去。没办法，导游只好带着大部分游客回到了酒店。这几个留下来的游客在海边玩了一会儿后，天上的云山越发狰狞，仿佛随时都会压到头顶上来。在云山的笼罩下，海边变得昏暗模糊，仿佛黑夜提前来临。这时大风跟着刮了起来，海边飞沙走石，气势十分吓人。"赶紧走吧！"这时几个游客开始感到害怕了，他们刚要往回跑，一道耀眼的闪电从云中直刺下来，把天地间映得一片惨白。紧跟着，猛烈的雷声在身边炸响，令人心惊胆战。

这天下午，撒丁岛上的雷电足足响了两个小时，雷声如同烈性炸药爆炸般响彻全岛，而闪电则带着闪亮的光芒划破天际。那几个滞留在海边的游客虽然最终安然无恙，但却被雷电吓得不轻，有一个游客这样形容雷电袭来时的情景："雷电就在身边爆炸，我亲眼看见一块岸边高崖上的石头被雷击中，碎石四射，让人感到恐怖万分！"

气象专家告诉我们，夏天积雨云会在天上形成高大的云山，云底阴暗混乱，看上去十分恐怖，当云山崩塌后，很快就会雷鸣电闪，大雨滂沱，有时还会带来冰雹或龙卷风。所以，当天上出现发展得十分迅猛的积雨云时，我们一定要注意防御雷击，特别是在海边或空旷地方的人们，一定要赶紧回到屋里去。

## 恐怖乳房云

雷雨天气来临前，我们常常会看到满天乌云，它们黑压压地布满天空，仿佛随时都会压到头顶上来，让人心惊胆战。不过，最令人恐怖的，还是一种类似奶牛乳房的怪云，人们叫它乳房云。

这种怪云为什么让人感到恐怖呢？

2013年4月25日上午，延吉市的天空一直被厚厚的云层覆盖，10时许，市民王老太上街买菜。走出家门口，她习惯性地抬头望了望天空，这一望不打紧，她心里顿时"咯噔"一下：只见天空昏暗，仿佛黑夜提前来临，大团大团的黑云堆在空中，有些黑云团的底部直垂下来，形成了类似奶牛乳房的形状。黑云团与楼顶的距离看上去是那么近，它们仿佛随时都会砸到楼顶上来。

这是什么云？难道今天会发生大事情？王老太心里有些发怵。而同时看到怪云的市民们心里也同样感到不安。很快，怪云引起了气象专家注意，通过仔细辨认，专家确定这就是赫赫有名的"乳房云"。

"乳房云"在美国出现的频率相对较高。2009年6月26日，纽约天空中出现了一团团红色云朵，看上去令人心惊胆战：云朵底部径直垂下来，形成了一个个硕大的半球形，看上去像奶牛的乳房，而个别云朵底部形状更为怪异，有人说像外星人，好似科幻电影中外星人入侵地球时的景象。一名叫梅尔的气象专家最后向大家揭开了这种怪云的真实身份：它就是预兆雷暴和大雨即将来临的乳状积云，也就是乳

「雷电来临前兆」

房云。

乳房云是一种可遇而不可求的怪云，它很少出现，有些地方十年才可能出现一次，而有的地方，人们很可能一辈子都不可能看到它。那么，这种怪云是如何形成的呢？

其实，这种怪云就是积雨云。积雨云是整个云族中脾气最为暴烈的一种云，云中的上升气流特别强烈。而乳房云，其实就是积雨云的底部，只不过，一般的积雨云底部不会出现这种形状。

什么情况下，积雨云底部才会出现乳房状呢？我们知道，云形成的过程，就是又湿又热的空气被抬升到高空逐渐冷却的过程，积雨云的形成也不例外。不过，积雨云形成后，在它的内部，上升和下沉气流都十分剧烈，上升气流把水汽"顶"到很高很高的空中，水汽饱和析出后，由于高空温度很低，有些水汽变成液态水，有的直接凝结成冰晶体，有的变成水后又被冻成冰。这些冰晶体、混合冰和液态水生成后并不安分，它们在翻滚的气流中你碰我，我撞你，大家集结在一起，很快发展壮大，而自身的"体重"也在不断增加，上升气流很快便托不住它们了，于是这些小家伙便开始向下坠落。

如果不出现什么意外，这些小家伙会直接落到地上，形成雨、雪，甚至是小冰雹。所以，平常我们只能看到普通的积雨云。不过，万事都有偶然的时候，当冰晶体、混合冰和液态水组成的又湿又冷的空气迅速下降时，如果这时地面正好有暖空气上升，并且这团暖空气的上升力量与湿冷空气下降的力量正好相当，于是奇迹便发生了：湿冷空气在空中悬停下来，形成了一个个乳房状的云块。气象专家指出，乳房云的底部大多平坦均匀，这是因为在每一朵乳房云中，气温的下降

和云朵的重量增加是成正比的,也就是说,如果你将一个较温暖的气泡放在乳房云的某个地方,它不会上升也不会下降,因为云彩中没有热量流动。

单个的乳房云结构能够保持静止不动 10～15 分钟,而成群结队的乳房云"寿命"则长达 15 分钟到几个小时。气象专家指出:乳房云的出现往往预示着雷雨或其他恶劣天气将临,所以,当你看到天空有乳房云出现时,一定要小心,记得提前做好防雷准备哦!

## 警惕炮台云

除了能直接制造雷电的浓积云和积雨云,天上还有一些云也能预告雷电,它们同样需要引起我们的警惕。

首先要警惕的是一种像炮台一样的云,人们称呼它为"炮台云"。其实这是两种云,它们的名字分别叫堡状高积云和堡状层积云。这哥俩称得上是孪生兄弟,它们的外表长得十分相似,唯一的区别是,堡状层积云的云底相对较低,云的块头也要大一些。不管是堡状高积云还是堡状层积云,它们的出现,都预兆着雷雨天气将要来临。

还是来看一个实例吧。2013 年 8 月的一天早上,四川雅安市一个叫李锦的市民一早起床后,拎上菜篮上街买菜。李锦是市气象局的观测员,她从事气象观测已经二十多年了,可以说天上出现什么云,她只要看一眼,就知道那种云代表的天气意义是什么。走到路上,李锦习惯性地抬头看了看天空,这天的天气很好,天上的云不是太多,不过仔细观察,她发现西边的天空中有一朵怪云。这朵云的云底很长,看上去像一块长条,在长条正中的位置,耸立着一个凸起的云顶,远

「雷电来临前兆」

远看去像一个炮台，又仿佛是一座城堡。

"看来要变天了，"李锦看完云后，对身边的人说，"估计下午就会打雷下雨。"

"不会吧？还都连晴了好多天了，再说天上云这么少，怎么会打雷下雨呢？"有人对此感到不解。

"这种云叫堡状高积云，它一般代表的是坏天气，只要出现，雷雨天气几个小时后就会到来，"李锦解释说，"过去雅安也出现过这种云，每次它一出现，雅安的天气都变坏了，又打雷又下雨的，有一次还下了大暴雨呢。"

"我看有点悬……"大家看了看天空，仍有些半信半疑。

不过，事实确实如李锦所说的那样：下午4时左右，原本晴朗的天空被黑云严严实实地遮盖起来，很快，天上雷鸣电闪，雷声似乎要把一切撕裂，市郊的一棵大树遭到雷击，树身被劈开了一道白花花的口子，看上去触目惊心。这天，伴随雷声，大雨还"哗哗"下了一个多小时，导致一些地方出现了"看海"的景观。

为什么堡状高积云或堡状层积云能预兆雷雨呢？原来，这两种云的出现，均表明大气中储存着不稳定能量，而雷雨天气正是大气中不稳定能量在一定条件下急剧释放的物理过程，所以可以说，"炮台云"

就是雷电天气的急先锋。气象专家告诉我们，"炮台云"的底部高度越低、上面的"炮台"越高且变化越迅速，表明大气中储存的不稳定能量越大，它所预兆未来的雷雨天气也越剧烈。据气象观测资料统计，百分之八十的"炮台云"都出现在早上，一般情况下，"炮台云"出现后的8～10小时内，雷雨天气就会如期而至。

除了"炮台云"，还有两种云也能"预报"雷阵雨：一种是在夏天的早上，天上有宝塔状的墨云隆起，并且天边有漏斗状云或龙尾巴云，这表明天气极不稳定，发生雷雨的可能性很大，因此有"清早宝塔云，下午雨倾盆"的谚语；另一种是连续多日天气晴朗无云，而且特别炎热，这时若忽然看见山岭的迎风坡上隆起小云团，这往往预兆着午夜或凌晨会有强雷雨发生。

如果你看到上述这些云出现时，那就要提高警惕了！

## 小心棉花云

瞧，天上的云多美啊，它们洁白无瑕，一小团一小团的，看上去像破碎的棉絮团。

嘘！你可别被它们的外表迷惑，这些云可是雷电天气的征兆哦。

这是真的吗？按理说，外表靓丽的云不应该是恶劣天气的代表，不过也有例外，看似美丽的东西背后，往往隐藏着危险。

还是来看一个例子吧。2011年7月的一天，早上起来，成都市民杨先生便看到天上出现了许多棉花云，它们一团团，一簇簇，大小不一，厚薄不均，有些颜色十分白净，有些则在朝阳的映衬下，散发出金色的光芒。这些棉花云占据了大半个天空，使得整个天地都显得美

「雷电来临前兆」

轮美奂。"真是太美了!"杨先生拿出手机,"咔嚓咔嚓",一连拍了好多张,并用手机进行了分享。他这样写道:"很少看到这样美的天空,很难看到这么美的云彩,这是否预兆着今天的天气很好呢?"很快,就有一个在气象局工作的朋友作出了评论"恰恰相反,今天下午你可能会遭遇雷雨天气!"杨先生似信非信,因为上午上班后工作很忙,他懒得打电话询问朋友,这事很快就成了过去式。下午,杨先生正好要出门办事,当他走在大街上时,发现上午还好好的天气竟然变了,天空乌云翻滚,不一会儿,竟然雷声大作,豆大的雨粒劈头盖脸打下来。

他连忙找了个地方躲避雷雨,并好奇地用手机问朋友:"你怎么知道下午有雷雨?"朋友回复:"根据你发的云图就知道了,那种云叫絮状高积云,它是雷雨来临的前兆。"杨先生更加好奇,经过朋友一番解释,他才恍然明白过来。

那么,杨先生朋友所说的絮状高积云到底是一种什么样的云呢?絮状高积云是中云家族的一员,一般生成于3000～5000米的高空,它的外形很像破碎的棉絮,所以得名为絮状高积云。这种云是在低层暖平流加强,云层稳定度减小,在某一高度上湿度较大且有强烈扰动作用下生成的。因为"孕育"环境特殊,所以絮状高积云对雷电、大风、暴雨等灾害性天气具有较好指示性:上午出现絮状高积云后,如果空气中水汽充足并有上升运动,下午紧跟着便会出现浓积云、积雨云,并出现打雷下雨等天气现象,因此中国农村有这样的谚语:"棉花云,雨快临""朝有棉花云,下午惊雷鸣"。

专家还告诉我们,絮状高积云的云量多少,持续时间长短,都有不同的指示意义：云量多，持续时间长，云层变化快，云底层次不同，那么预兆的雷电等灾害性天气就会比较强烈，反之，预兆的雷电天气便会弱一些。

当你看到天上出现絮状高积云，在欣赏它们美丽外表的同时，千万别忘了提高防灾意识哟。

## 听杂音辨雷电

上面我们所说的雷电前兆，都是用眼睛去观察，但是如果在晚上，四周一团漆黑，加上雷电距离你已经不远了，这时怎么感知雷电来临呢？

一个关于收音机救命的故事，或许能给我们一点这方面的启迪。

20世纪80年代一个夏季的一天晚上，云南昭通市的一个偏僻山村里，村民们正聚集在村中一户人家的堂屋里，聚精会神地倾听收音机里传出的歌声。原来，几天前这户人家刚买了一台半导

体收音机。那个年代经济不发达，别说电视机、电脑，就是收音机都十分稀罕，要是谁家买台收音机，那可是一件了不起的大事。所以，这户人家买了收音机后，每天天一黑，周围的邻居就会聚集到他家院子里听歌。这天晚上，主人家院子里照例聚集了几十个村民，人们有的坐在门前的板凳上，有的坐在院子石板上，还有的干脆爬到院中的

大树上。听着收音机里传出的歌声，大伙劳动一天的疲劳很快便消除了。不知不觉，时间到了晚上十点左右，可村民们仍然兴高采烈，他们一边听收音机里的新闻播报，一边拉着家常，谁也没有散去的意思。

"嚓嚓、嚓嚓嚓"，这时收音机里突然传来杂音。杂音时断时续，听上去令人不悦。

"怎么回事？莫非收音机出毛病了？"有人问道。

"不会吧，这可是才买几天的新收音机。"主人赶紧把收音机拿在手里左看右看，但看了半天，收音机里的"嚓嚓"声仍然不绝于耳。

"我知道是怎么回事了，"这时一个年轻人站了出来，他指了指漆黑的天空说，"这是因为天上有黑云，黑云会产生电磁波，当收音机接收到电磁波时，就会响起嚓嚓的杂音。"

"真是这样吗？"大家半信半疑。因为天空太黑了，谁也看不清天上有没有云。

"梁娃子读过初中，我相信他说得没错，"一个上了年纪的老头点点头说，"时间不早了，咱们也该回去休息了，大家散了吧！"

说完，老头向主人家打过招呼，带头向院外走去。其他人也跟着起身，纷纷向各自的屋里走去。

邻居们散去后不到三分钟，猛烈的雷声便在村子上空响了起来，闪电像一条条火蛇，把天空和大地映得一片通亮。突然"咔嚓"一声，一个炸雷打在主人家院子里的大树上，大树的一根枝丫当场被劈成了两半，而主干的树皮也被雷电"剥"去，一股难闻的焦煳味弥漫在院子里，令主人一家惊恐万分。

不敢想象：如果邻居们没有散去，炸雷打来时，那些爬在大树上的人会是什么样的遭遇！

这个事例告诉我们：如果在漆黑的夜里，当打开的收音机里传来"嚓嚓、嚓嚓"的声音时，说明附近很可能有雷雨云存在。气象专家还指出，雷雨云产生的电磁波不但会影响收音机，而且强烈的电磁波还会干扰电视信号，使电视机屏幕出现花屏现象。所以，当这两种现象出现时，就表明雷电即将来临，要赶紧做好防雷准备了。

## 毛发竖，雷电临

雷电临近，在即将袭到人的身体时，会有什么样的征兆呢？

让我们一起去看看美国一个男子的亲身经历。

这个男子名叫迈克尔·麦克奎尔肯。1975年8月的一天，当时只有18岁的麦克奎尔肯和弟弟妹妹们一起，到加利福尼亚州的红杉树国家公园游玩。红杉树国家公园是一座很有特点的公园，它靠近海洋，南起大苏尔，北至俄勒冈州州界以北地区，面积达400多平方千米。由于地形高差明显，加上降水丰沛，气候温和，所以园内植物生长繁茂。这里不但有世界现存面积最大的红杉树林，而且园内自然生态缤纷多彩，景色旖旎多姿。

麦克奎尔肯和弟弟妹妹们乘车来到这里后，先在山下杉树林里玩了一会儿，然后便朝一座叫莫罗的小山爬去。

莫罗山海拔900多米，山脚至山顶一带长满了红杉树。麦克奎尔肯他们一边爬山，一边玩耍，不知不觉，原本晴好的天气渐渐发生了变化：天空云层堆积，风声渐起，一副风雨欲来的景象。

"要下雨了，咱们还往上爬吗？"麦克奎尔肯最小的弟弟——12岁的肖恩看了看天空，有些担心起来。

"都走到这里了，再怎么也要爬到山顶上去看看。"15岁的玛丽不同意。她是一名摄影小达人，这次来公园，她想把整个风光全拍下来。

麦克奎尔肯抬头看了看天空，他判断这场雨不会下太大，再说了，即使下雨,他们也可以在树林里找到暂时避雨的地方。

"听说山顶的风光更漂亮,咱们继续往上爬吧!"麦克奎尔肯右手一挥,"到山顶后,每人拍可以两张照片,拿回去让爸妈瞧瞧。"

"耶!"弟妹们击掌相庆。听说可以照相,肖恩的脸上也露出了笑容。

就在麦克奎尔肯他们继续爬山的时候,天气变得越来越糟糕,黑云几乎占据了整个天空,风越来越大,雨似乎就要下下来了。

可是孩子们全然不顾这些,特别是玛丽爬得更快,她肩上挎着照相机,时不时便会停下来拍上一张。

"玛丽,不要浪费胶卷!"麦克奎尔肯提醒。

"放心吧,我这里还有两筒胶卷呢。"玛丽拍了拍腰包,拍得不亦乐乎。

十多分钟后,他们终于爬到了山顶。放眼山下,只见红杉树林郁郁葱葱,看上去令人心旷神怡。

"莫罗山,我们终于征服你了!"几个孩子站在一块高高的岩石上,大声呼喊起来。

这时,云层已经压得很低,几乎要碰到山顶上来了。空气中弥漫着一种说不出的诡异气息,可是他们光顾着玩耍和照相,根本没意识到危险即将来临。

"玛丽,给我们俩来一张!"当每个人都单独拍过照后,麦克奎尔肯搂着弟弟肖恩的肩膀,摆出了一副"哥俩好"的姿势。

"好的,没问题!"玛丽把镜头对准他们,正要按下快门时,忽然发现哥哥和弟弟的头发直直地竖了起来,看上去怒发冲冠,模样十分搞笑。

"你们的头发……"玛丽话没说完,突然她感觉自己的头发也在往上竖立。几乎与此同时,麦克奎尔肯也察觉到了异常,他松开弟弟肖恩,下意识地举起右手,这时他右手上戴的戒指发出"嗡嗡"响声,

声音大到附近的所有人都听到了。

几个人还没明白过来是怎么回事,只听"轰隆"一声巨响,一道闪电从天而降,直接击中了山顶地面,几个人一下全都倒在了地上……

这起事例告诉我们:雷雨天里,如果头发出现竖起的迹象,尤其是在高处,那么很可能是要遭遇雷击的征兆,这时必须采取紧急措施躲避危险。

那么,如何判断雷电距离我们多远呢?专家指出,可以通过看到闪电和听到雷声的时间间隔,来判断你所处位置与落雷的距离:如果时间长,代表雷电离你远,反之则离你近。此外,还有一个办法:即在看见闪电之后可以开动秒表,听到雷声后即把它按停,然后用所计时间除以3,便可以大致推算出闪电离你有多少千米了。

# 雷电逃生
# 自救及防御

# 不要站在山顶上

在上面的章节中,我们讲到迈克尔·迈克奎尔肯和弟弟妹妹一起,在莫罗山顶与雷电不期而遇的故事。

当时迈克奎尔肯和最小的弟弟肖恩正准备合影,突然"轰隆"一声巨响,一个猛烈的炸雷打下来,几个人全部倒在地上,一下昏迷了过去。

不知过了多长时间,迈克奎尔肯从昏迷中苏醒过来。睁开眼睛,他看到弟弟肖恩躺在不远的地方一动不动,背上还有一缕一缕蓝色的烟气冒出。

"肖恩,你怎么啦?"迈克奎尔肯头脑中一个激灵,赶紧爬起来跑了过去。

几乎与此同时,玛丽和另外两个弟弟也醒过来了。他们一齐跑到肖恩身边。

肖恩两眼紧闭,人事不省,背上还有一些小火苗在燃烧。迈克奎尔肯赶紧把他身上的火苗扑灭。

"肖恩会不会死了?"玛丽和弟弟们吓得哭了起来。

迈克奎尔肯还算冷静,他仔细检查了肖恩的呼吸和脉搏,发现他还活着。

"他还有救,不过得赶紧送到医院!"迈克奎尔肯说完,背起肖恩便跑。玛丽带着两个弟弟跟在后面,他们不顾一切地向山下疯跑。

「雷电逃生自救及防御」

下山路上，他们看到路边躺着一个男子，一名妇女正拼命为他做着急救。原来，这对夫妻刚才也遭到了雷击，妇女的丈夫被雷电击中，靠近心脏的部位有一处烧伤，人也昏迷不醒。

"快帮帮忙，救救他！"妇女一边哭诉一边向他们求救。

"我的弟弟也被雷击昏了，得赶紧送到医院，"迈克奎尔肯抱歉地说，"我们没办法帮助你。"

迈克奎尔肯背着弟弟一阵狂奔，终于赶到了山下的停车场。肖恩被送到医院后，很快被救醒过来。经过检查，他的背部和肘部都被烧伤。幸运的是，闪电击中的那一刻肖恩没有完全触地，因此保住了性命。而那名被雷击中的男人却没那么幸运，虽然他的妻子全力急救，但还是没能活下来。

当天，莫罗山上还有一名男子被雷电击中，当人们找到他时，发现他身上的衣物几乎都没了，头发也被烧光。不过，这名男子被救回去后，虽然昏迷了足足 6 个月，最终却活了下来，只是他头发一直没能再长出来。

近年来，山顶上遭遇雷击的事例屡见不鲜。2009 年 6 月 13 日下午，北京怀柔区雁栖镇西栅子村，五名游客在攀爬附近的箭扣长城时，突然遭到雷电袭击，两名游客当场身亡。

这五名游客遭雷击的地点，是箭扣长城一处名叫"鹰飞倒仰"的景点。箭扣长城是明代万里长城最著名的险段之一，因整段长城蜿蜒呈"W"状，形如满弓扣箭而得名。而"鹰飞倒仰"又是箭扣长城最为艰险的地方，这里地势很高，形如展开翅膀的老鹰，最窄的地方每次仅能容一人通过。当天下午，箭扣长城一带天气突变，下起了大雨。同时，惊雷不断打响，一道道电光在长城周围闪过，令人惊恐不安。然而，五名游客不顾雷雨交加，执著地向"鹰飞倒仰"爬去。当他们爬上该景点最高的"鹰嘴"处时，突然一个猛烈的炸雷打来，走在后面的两个游客当场被闪电击中，一下从三十多米高的断崖上坠了下去，而前面的三个游客也被打倒在地。当救援的人们赶到，在山崖下找到两名坠崖者时，发现他们早已停止了呼吸，其中女性死者额头正中心被雷电劈开了一个小方块形状的伤口，男性死者则浑身皮开肉绽，难以辨认。三名幸存者也不同程度受伤，他们当时坐在长城上，浑身湿淋，沾满泥土，吓得无法动弹。

这起雷击事故在当时引起了较大反响，同时也给人们敲响了警钟，它和上述我们讲到的迈克奎尔肯兄妹雷击事件一起，给予了我们这样的启示——

下雨打雷的时候，千万不能站在山顶上（当然也不能站在楼顶或靠近其他导电性高的物体）；如果你当时正在山顶，雷电袭来时，要赶紧把身上佩戴的金属饰品及发卡、项链等取下来，以减少遭雷击的概率；当雷电临近，感觉到身上的毛发突然竖立起来，同时皮肤有轻微刺痛，或听到轻微的爆裂声，这是雷电快要击中你的征兆，这时应迅速蹲下来，身体前倾，双手抱膝，胸口紧贴膝盖，尽量低下头，把自己蜷成一个球状。

千万记住：雷电来临时不要平躺在地上，因为这会增大雷电袭击的目标！

「雷电逃生自救及防御」

# 不在旷野走

"轰隆隆",打雷了,可有人还在旷野中行走。

雷雨天,在旷野中行走可是十分危险的举动!

咱们还是来看一个事例吧。2014年6月23日下午3时许,福建省福州市长乐县天气闷热,黑云低垂,眼看一场暴雨即将来临,该县潭头镇在外干活的人们全都回家了,不过,在通往田间的路上,却有一名妇女正匆匆赶路。

"轰隆",一个炸雷打下来,妇女吓得哆嗦了一下,她回头往家的方向看了看,迟疑了几秒钟,还是继续朝田间走去。

炸雷一个接一个打下来,闪电也一阵比一阵耀眼,可妇女还是没有停下脚步——她牵挂着自家的那头大黄牛。牛是上午赶到田里去吃草的,她想赶在暴雨来临前,将它牵回家喂养。

隔着老远,她看到大黄牛站在田中央,正焦躁不安地绕着牛绳转圈。很显然,大黄牛也想回家了。

妇女加快脚步,当她走到距离大黄牛十多米的地方时,突然一阵电光闪起,随即一个大炸雷打下来,妇女两眼一黑,一下倒在了地上……路人发现后立即报警,这名妇女被紧急送到潭头镇卫生院抢救,但半小时后还是因伤重不治身亡。

旷野中行走遭雷电袭击的人不在少数。2008年8月11日下午4时许,广西鹿寨县寨沙镇思力村雷雨交加,闪电不时映亮天地。看雷雨越来越厉害,该村一个叫潘定加的村民准备回家了,他叫上一起在田里干活的村民潘延和。两人相距大约5米左右,一前一后地沿着田埂往家赶。

两人埋头匆匆赶路,走出不远,潘定加突然看见空中一道白光闪过,他感到身体一麻,随即便倒在地上不省人事……过了不知多少时间,潘定加从昏迷中醒来,他发现自己掉到了路边水沟里,而潘延和则直挺挺地躺在路上,他头顶上有一个小洞,两耳流血,脚底裤腿处冒着烟,早已经停止了呼吸。据广西防雷中心的专家分析,潘延和应是遭直接雷击导致死亡,而潘定加则是被雷电冲击波冲倒,所以侥幸逃过了一劫。

雷雨天不宜在旷野中行走,而在田里干活同样不可取。2005年4月25日下午4时许,广东省广州市番禺区灵山镇的十一个农民正在甘蔗地里劳动,不知不觉中天气突变,转瞬雷雨大作。就在这些农民准备从甘蔗地里撤离时,突然一道电光闪过,几个农民顿时倒在了地上,其中两人伤势十分严重。送到医院后,一人不治身亡。死者当时没有穿鞋,下身长裤被撕成条状。另一名伤者的胸、腹及手部皮肤均被灼伤,看上去触目惊心。2015年4月28日上午,山东省德州市武城县大屯乡雷鸣电闪,一个34岁的妇女在自家地里浇地时,突然一个猛烈炸雷打下来,妇女腰部以下被烧焦,当场倒在十多厘米深的水中人事不省。后来被人发现时,这名妇女早已停止了呼吸。

以上这些事例警示我们:雷雨天气里,不要在旷野行走或劳作,特别是对农村地区来说，田间一般地处旷野，当雷电袭来时，立于田间劳动的人们很容易变成天然"避雷针"，成为雷电的放电尖端而遭受雷击。

专家告诉我们：春夏雷暴频繁，当我们出门或到田里干活时，最好穿上胶鞋，因为这样可以起到绝缘的作用；当你在户外看见闪电，几秒钟内便听见雷声时，说明正处于近雷暴的危险环境，此时应停止行走，两脚并拢并立即下蹲；当你身边有塑料雨具或者雨衣时，最好用它们把自己裹起来。

千万记住：在旷野中不要与人站在一起，也不要因害怕而抱成团！

## 雷雨天不打伞

下雨天，出门打伞是很正常的事情，可你知道吗：如果雷雨交加，出门打伞会面临极大的危险。

2012年6月15日早上，大连市长海县雷雨交加，在该县大长山镇四块石小学，五名四年级的学生打着雨伞，穿过操场向教学楼走去。

四块石小学是大长山镇最好的小学，这所学校的教学楼修得很漂亮，更难得的是，校园里还有一块面积挺大的操场。这块大操场紧挨校门，学生每天从校门进来后，穿过大操场才能到达主教学楼。这条路长约八十多米，周围无遮无挡十分空旷。

谁能想到：这天早上，这短短80米的路，竟会让五名小学生遭遇雷击危险。

当时，这五名学生说说笑笑地向前走去。按学校的规定，学生早上进校时间是7时20分，今天因为下雨，他们提前了十多分钟到校。

进了校门后,学生们径直向操场走去。此时雨已经快停了,但雷仍打得十分惊人,闪电不时照亮校园,让人感到有些害怕。

很快,孩子们走到了大道中间,再走四十多米,他们就要走进教学楼里了。就在此时,一道耀眼的闪电划过校园上空,雷声震天动地,随即一团火球直扑操场,五个孩子应声倒地,其中两个孩子受了重伤,身上的衣服冒起了青烟。

事故发生后,经专家现场勘察,确认学校教学楼都安装了防雷装置,不过防雷装置的防护半径有限,当时这几个孩子并未在保护区域内,专家分析认为,孩子们手中的雨伞,极有可能是引雷的原因。

因为打伞,被雷电击中者大有人在。2015年6月2日下午,湖南省常德市澧县如东乡乌云翻滚,风雨欲来,一名姓刘的老汉惦记着地里种植的棉花苗,于是拿了一把雨伞向自家地里冲去。到地里看过棉花苗后,回来的路上,随着几声炸雷打响,一场瓢泼大雨跟着下了起来,刘老汉赶紧撑开雨伞遮挡大雨。在雷雨中,他跟跟跄跄走出没几步,突然一道电光在眼前划过,他感觉全身一麻,一下栽倒在地,手中的雨伞也跟着飞了出去。倒地之后,刘老汉全身都失去了知觉,身子一动不动。过了好几分钟,他的上半身才稍稍有了一些知觉,但下半身还是十分麻木。"我可能遭雷劈了。"刘老汉心里十分恐慌,他使劲用拳头拍打自己的双腿,打了不知有多久,腿才慢慢恢复了知觉。

一瘸一拐回到家后,刘老汉脱去身上的外衣,惊讶地发现自己的贴身衣物几乎全部被烧焦,而身上也是血肉模糊,十分疼痛。他赶紧让老伴打了一桶冷水浇了浇身子,简单处理一下后,赶紧到医院就诊。当记者闻讯前来采访他时,老汉很是想不通:下雨天打把伞很正常,为什么会被雷劈中？

其实，想不通的人还不少哩。2014 年 7 月上旬的一天上午，安徽省六安市雷雨交加，一个市民撑着雨伞外出买早点，突然上空传来一声炸雷，手上的伞柄随即冒出火花，而他整个胳膊一麻，人一下愣住了。幸亏旁边卖饼的阿姨及时提醒，他赶紧把伞甩掉，才避免了更大的伤害。2014 年 7 月 27 日下午，江苏省苏州市雷雨大作，一名 22 岁的男子急着回家，撑着一把雨伞在马路上行走，突然被雷电击中倒地，而与他相距不远的一群绿化工人却安然无恙——不用说，制造雷击事故的帮凶当然也是雨伞了。

防雷专家指出，在雷雨交加的天气里，如果周围地形比较空旷，再加上雨伞绝缘性能不好的话，你手中的伞便很可能会成为"避雷针"，所以在雷雨天气中，我们不宜在旷野中打伞，当然了，一些和雨伞类似的物件，如羽毛球拍、钓鱼竿，以及锄头、铁锹等也有可能成为"避雷针"，打雷时，千万不要把它们扛在肩上！

# 打雷不骑车

自行车，是很多学生、上班族依赖的交通工具，打雷下雨时，一些人急于回家避雨，总是会把车骑得飞快。

殊不知，雷雨天骑车也会隐藏雷击危险！

2015 年 6 月 16 日下午 4 时许，浙江省台州市椒江区下起了大雨，天上不时出现闪电，响雷打得人心惊胆战。正是放学时间，一名就读于椒江区洪家街道新世纪学校的小学生骑着自行车，飞快地行驶在马路上。

这名小学生姓马，当年10岁，是新世纪学校三年级的学生。他的老家在安徽亳州，跟随打工的父母来台州已经有两年了。他和父母租住在椒江区上洋邱村，距离上学的洪家街道有一段距离。平时，小马都是一个人骑自行车上下学。

骑车穿过大马路后，自行车拐入了一条田间小道。这条小道连接着洪家街道和上洋邱村，因为是近道，所以很多骑自行车、电动车的人都会选择从这里经过。小道两旁全是即将成熟的庄稼，路面很窄，只能容一辆自行车通过。此时雨大雷猛，闪电把路面照得一片惨白。小马身上穿着雨衣，竭力扶着车龙头，摇摇晃晃地向前行驶。

"咔嚓"一声，一个惊雷响过之后，小马突然一头栽倒在地。当时，附近的王桥村村民陈大伯目睹了惨剧发生，他先是看到小马的自行车晃了晃，接着看到他一下倒在了地上。陈大伯和村民周阿姨立即拨打了"110"和"120"。当他们走过去看时，发现小马趴在自行车上一动不动，他右脸发青，嘴唇发紫。陈大伯把手放在他鼻子边上试探了下，发现小马已经停止了呼吸。

这起雷击事件后不久，安徽省芜湖市也发生了一起雷击骑车人的事件。2015年7月26日下午4时左右，芜湖市电闪雷鸣，大雨如注，一位20岁的年轻女孩骑着电瓶车在雨中狂奔。当她行驶到"321"省道中沟加油站附近时，突然被雷电击中，猛地从车上摔了下来。据一位目击的村民描述："当时我眼前一阵闪光，同时一声炸雷，那个孩子就倒在了地上。"看到女孩被雷击后，村民们赶紧报警并拨打了"120"，但遗憾的是，女孩当场就停止了心跳和呼吸。防雷专家到现场勘察后，认为这起雷击事件有两个原因：一是女孩当时所在的马路很空旷，而且地势较高，所以当雷电下来时，她就成了放电的导体；二是女孩所骑的电瓶车是金属的，增加了雷击概率，再加上她当时骑得很快，形成跨步电压，因此更易被雷击中。

当然，也有一些骑车人遭雷击后大难不死，如一名叫大平的男子。

大平是湖北天门人，九年前带着一家老小到武汉打工。2013年8月的一天，他骑自行车外出办事，回家途中遇上了恶劣天气。当时天上又打雷又下雨，大平急于回家，把车蹬得飞快。在经过一座街边天桥时，只听"轰隆"一声，一道闪电划过大平的后脑勺，他一下被击晕倒地。周围人把他救起后送到医院，医生发现他颈背部有烧伤，左侧耳垂被雷电生生"切掉"。经过一番救治，大平的命算是保住了，不过他的耳朵被缝了32针，后脑勺缝了十多针。两年后，谈起这次雷击事件，一向天不怕、地不怕的大平还感到有些心悸。

骑车为何会遭雷击呢？防雷专家告诉我们，当我们骑车在雷雨中狂奔时，车载着我们的身体迅速移动，从而使得跨步电压增大，再加上自行车、电动车本身就是金属物，所以容易把雷电"招引"下来而导致雷击灾害。所以，雷雨天最好不要骑车（即使骑车，车速也不宜过快）。当然了，骑摩托车的人更要特别留意，千万不能高速行驶哟！

## 不下河游泳

什么，游泳也会遭雷击？

没错，如果雷雨天下河游泳，很可能也会遭"雷神"索命哩！

咱们还是先来看一个真实的例子。

2013年8月29日下午，福建省漳州市区。穿城而过的九龙江蜈蚣山路江段，三个中年男子正兴致勃勃地在江中游泳。

这三个男子都是游泳爱好者，而且水性很好。这天下午，三人在江边的游泳点汇合后，便下到江里，往上游方向奋力游去。

不知不觉，太阳被天边涌来的乌云遮住了，江面上开始起风，天空雷声隐隐，风雨欲来。

"看样子要下雨了，"一名姓陈的男子说，"咱们游回去吧。"

"没事，这雨不会下太大，"一名同伴说，"好不容易出来一趟，多游一会儿再回去。"

"是呀，这阵雨下来，正好给咱们冲凉。"另一个同伴也表示赞同。

三人继续在江上游泳。这时天色越来越暗，不一会儿，豆大的雨点"噼里啪啦"打下来，江面上顿时溅起千万朵小浪花，一层白色水汽氤氲在江上，能见度越来越低。

响雷也打了起来，一声比一声吓人；闪电像火蛇般在头顶的天空游走，看上去令人惊恐。

眼见形势不妙，姓陈的男子心里有点害怕了。在他的劝说下，两个同伴终于同意往回游。三人顶风冒雨，劈波斩浪，向下水的岸边一点一点游去。

只见江岸就在眼前，他们加快速度，恨不得一下便游到岸边。50米、45米、40米……当他们游到距离江岸30米左右的地方时，突然一道电光在水面划过，陈姓男子一下觉得自己下半身麻麻的，双腿瞬间失去了知觉。"完了，遭雷电击中了！"他又惊又怕，拼命用双手划水。不知过了多长时间，他终于挣扎着爬到了岸边。这时，他才发现两个同伴没有跟上来，回头向江面看去时，只见雨越下越大，而两个同伴却不见了踪影。

陈姓男子赶紧沿江寻找，并打"110"报警。后来一个同伴的尸体在下游找到，他上半身有大片清晰的紫红色印记，明显是被雷击造成的，而另一个同伴却一直没有找到。

这起雷击事件给人的教训发人深省，不过在此之前，因游泳遭雷击的事件便已屡见不鲜。2002年8月17日上午10时许，上海浦东三甲港游泳场内，一些泳客正在兴致勃勃地游泳。这时天气悄然发生了变化，一场雷阵雨来临了，可泳客们仍游得不亦乐乎。突然"咔嚓"一个响雷打下来，游泳池内响起一片惊叫声。只见池内有两个人遭到了雷击：一个是20岁的王小姐，她身体右侧遭强大电场作用而受伤，不过经过抢救，王小姐最终脱离了生命危险；另一个遭雷击的，是刚刚从职校毕业的19岁少年黄某，雷电不偏不倚击中了黄某的左肩，电流经心脏直达左脚，他当场便停止了呼吸和心跳，虽然现场救生人员采取了紧急措施，并迅速送往医院抢救，但黄某还是不幸身亡。

打雷时，除了游泳有危险，潜水或钓鱼也可能会遭到雷击。美国佛罗里达州曾经发过一起雷击事件，一位36岁的潜水员被雷击离奇致死：当天下午，他与其他三名潜水员一起，潜入了迪尔费尔德附近的海中。不知不觉，海面上空天气发生了变化，闪电一个接着一个。潜水员们赶紧浮出水面，当这名36岁的潜水员也浮出水面时，一道闪电袭来，不偏不倚正好击中了他身上的氧气罐，这名潜水员当场被电死。

以上这些雷击事件警示我们，雷雨天气里，不要到河里、湖泊或海滨游泳，也不要在河边洗衣服、钓鱼或玩耍；打雷的时候，要远离水面，别在水面和水边停留。

## 远离足球场

游泳会遭雷击,而雷雨天踢足球也会有危险。

2012年7月14日下午,上海市浦东高行中学操场上,呐喊声四起,二十多人正在进行激烈的足球比赛。不知不觉,天空乌云堆积,天色很快暗了下来。下午5时左右,天上下起了瓢泼大雨,电闪雷鸣。

面对如此恶劣的天气,球场上的二十多人仍然踢得风生水起,谁也不愿离开操场。

"轰隆隆",伴随一声惊天动地的巨响,一道闪电扑向操场。一瞬间,四名球员一下栽倒在地,人事不省。"遭雷击了,快救救他们!"其他人见状,赶紧停止踢球,飞跑到这四人面前,立即按压他们的胸部,帮助他们进行人工呼吸,有人则跑到门卫房间拨打急救电话。经过一番现场抢救,倒地者中有三人在短暂晕厥后苏醒了过来,但一个姓叶的小伙儿却一直没有苏醒,送医后宣告不治。

雷电,可以说是足球场上的狰狞杀手,自从足球运动开展以来,足球运动员被雷电击中致死的悲剧便时有发生——

1991年1月20日,巴西皮里里队迎战克鲁赛罗队。比赛进行到第65分钟时,天空雷电大作,突然,一道闪电扑入场内,两名队员当场毙命。同年9月,意大利一家足球俱乐部在进行训练时,天空突降暴雨,一道闪电直落球场,致使三名球员被严重击伤。

1992年8月8日,前南斯拉夫德拉古伊瓦镇,两支球队正在比赛,几道闪电落在球场,22名球员被击倒,一人死亡,两人重伤。

1993年9月20日,马来西亚吉隆坡附近的一个体育场,两队冒雨比赛，四名球员被雷击毙。

1998年10月25日，在南非约翰内斯堡举行的一场比赛中，一道闪电扑入场内，六名球员被击倒，两人伤势严重。两天后，在民主刚果举行的一场比赛中，雷击夺去11名球员的生命，同时造成球场边三十多人受伤。

2004年3月10日，来自中国的18岁球员江涛在参加新加坡新麒队训练时，不幸遭雷击身亡。

雷电为何老与足球运动员过不去呢？防雷专家解释，这是因为足球场一般建在空旷的平坦地区，大风容易"长驱直入"，并与足球场快速摩擦产生许多静电，而随风吹拂而来的上空云层也往往带有大量电荷，天上和地下因此构成了一个巨大的电容器，电容器内的电荷相互感应和传递，一触即发。同时，降雨将球场和球员身体淋湿，导致电阻率降低，雷电入地后会产生很强的电阻差，在球员两腿间形成跨步电压，从而使球员面临很大危险，一旦"尖端放电"，悲剧便难以幸免了。

其实，打雷下雨时，即使不踢足球，身处球场也是很危险的。

2005年9月14日下午4时左右,湖南第一师范学校东方红校区的球场上,05级的新生在教官带领下正在进行军训。这时天上黑云翻滚,突然"咔嚓"一声,随着一声惊雷响起,军训队伍中应声倒下了六名学生和一名教官。"不好了,雷打下来了!"学生们惊恐万状,队伍一下四散开来,操场上混乱不堪,学生们纷纷向教室和寝室跑去。教官和在场老师赶紧抬起受伤人员向学校医务处跑去,同时拨打了"120"。经过紧急抢救,遭雷击的七名伤者中,有六人脱离了生命危险,然而有一名女生却永远停止了呼吸。

以上这些事例告诉我们:打雷下雨的时候,一定要远离足球场,不管是你当时正在踢球,还是在球场边围观,都要迅速离开,跑到安全的室内去躲雨避雷。

## 雷雨天不打高尔夫

高尔夫运动被认为是一项温文尔雅的运动,然而,当高尔夫运动遭遇雷雨天气时,优雅的挥杆击球者也很可能会成为雷电袭击的目标。

2013年7月20日下午2时左右,广东省东莞市的一个高尔夫球场内,一名中年男子与两位球友一起,在三名球童的陪伴下,走进球场准备打高尔夫。

这天下午的天气一直都不太好,天上有不少淡积云,其中一些淡积云正向浓积云发展;阳光被厚厚的云层遮住,地面上的一切显得有些不安。当他们打到第三洞果岭位置时,天空响起了"轰隆隆"的雷声。听到雷响,球场很快拉起了警报。

"先生们,警报响了,咱们回去吧。"球童立即大喊起来。

「雷电逃生自救及防御」

"好吧。"中年男子和两个球友摇摇头,停止了挥杆动作。

球车很快开了过来,两个球友先上了车,中年男子走在最后,当他正要走进球车时,天空中突然划过一道闪电,他连哼一声都没来得及,一下便被雷电击倒,当场昏迷了过去。人们赶紧把他送到附近医院,经过一番抢救,中年男子幸运地脱离了生命危险。

近年来,高尔夫球场雷击事件不时见诸国内外报端。2012年,德国科尔巴赫市一家高尔夫球场内,几名男子正在挥杆击球,突然一个霹雳打下来,有四人被当场击倒。他们身上的衣服全都变成了碎片,

身体多处烧伤,呼吸和心跳停止。经过抢救,有一名伤者恢复了心跳和呼吸,但其余三人永远离开了这个世界。人们将伤者紧急送到医院,经过检查和诊治,医生认为闪电是从球杆顶端击入,从右脚拇趾流出。而负责调查此次事件的专家也在事后揭开了雷击真相:闪电来临的一瞬间,这几名打球者挥出的球杆成为了附近的高点,闪电借球杆进入他们的身体,然后从脚流出进入地面,从而造成他们的身体多处烧伤,并导致心跳和呼吸停止。

与高尔夫球场一样,露天的赛车场同样也面临雷击的危险。

2012年8月初的一天,美国宾夕法尼亚州一赛车场内人头攒动,熙熙攘攘,八万多名观众将赛车场挤得满满当当。尽管这天的天气十分糟糕,但热心的人们还是早早就来到赛场,为自己喜爱的车手加油打气。

比赛还没开始,天空便堆满了黑云,一道道闪电在云层间时隐时现,雷声隆隆,一场暴风雨眼看就要来临了。

"请大家注意躲避大雨和雷电!"眼见天气骤变,赛车场赛会组织

者用喇叭向观众们发出通知,同时通过推特、脸书向 2.2 万名民众发布消息,表示"区内有雷电大雨",呼吁车迷躲避。然而人们的热情很高,谁也不肯离开赛场。于是,在"轰隆隆"的雷声中,赛车准时开始了,可是比赛只进行了一半便匆匆结束,原因是雷电袭击了赛车场:一共有十名车迷遭到雷击,其中一名车迷当场死亡,九名车迷受伤,其中两人伤势严重,原定 160 圈的比赛只得提早结束,只进行了 98 圈便草草收场。

雷电为何与高尔夫球场、赛车场上的人们过不去呢?防雷专家指出,这是因为这些地方一般场地开阔,与周围环境相比,人体高度相对较高,因此形成了一个个制高点,而雷电在向地面释放电荷时,会寻找一个最容易导电的地方,因此处于较高位置的人和金属便容易被雷电击中了。

专家提醒:雷雨天应尽量不打或少打高尔夫,生命安全远远重于一个好球,此时不妨放下球杆,躲到建筑物里欣赏一下雨景;当天气恶劣时,赛车之类的活动应延期举行,而车迷们也应提高警惕,保护好自身的安全。

## 警惕晴空霹雳

一般情况下,雷电都发生在乌云满天、风雨将临的时候,不过,有时晴空也会响起惊雷,这就是人们常说的晴天霹雳。

晴天霹雳会不会对人体造成伤害呢?咱们先去看一起发生在美国的晴空雷击伤人事件。

2009 年夏季的一天,美国宾夕法尼亚州西部的一处公园里,11 岁的女孩贝蒂正同一个朋友安莉在草场上散步。这天天气很好,阳光明媚,晴空湛蓝。贝蒂和安莉在草场上愉快地游玩,尽情享受着暑假的快乐。下午2时30分,不可思议的事情发生了:一道电光从远处的天空突然扑来,随即,巨大的霹雳在公园上空响起。安莉吓得尖叫一声,一下扑在了地上,雷声响声过后,她战战兢兢地从地上爬起来,发现贝蒂倒在地上,痛苦地扭动着身子,她的肩膀上冒着烟气,一股烧焦的味道弥漫在空气中。

"快来人啊,有人遭雷击了!"安莉大声呼救,赶紧拨打了急救电话。

救护车迅速赶到公园,将贝蒂紧急送到了医院里。医生检查后发现,贝蒂的左肩被电雷击中,留下了一个烧伤的痕迹,此外,她的左手腕也有一个烧伤痕迹。很明显,雷电从她的左肩进入,并通过手臂,从左手腕进入了地下——当时,她的左手应该是着地的,这导致她的手臂出现了骨折现象。值得庆幸的是,除了烧伤及骨折外,贝蒂的身体状况总体来说还算不错,在医院治疗一周后,她很快便出院了。

这起雷击事故发生后,引起了人们的困惑:为什么公园上空天气晴好,贝蒂仍会遭到雷击呢?气象专家经过调查,找到了雷电的出处。原来,当天在距离公园数十千米外,正酝酿着一场暴风雨。这场暴风雨强度不大,天空的积雨云范围也不广,因此并未影响公园上空的晴好天气。当雷电从积雨云中发生,并传递到公园里时,毫无防备的贝蒂便被击伤了。

中国也发生过多起晴天被雷击的事件。2011年8月3日下午,浙江省宁波市镇海区曙光村一名叫朱正成的男子,像平常一样赶着自家养的鹅去村边池塘里放养。这天天气晴好,太阳火辣辣炙烤着地面,天上几乎看不到云。下午3点半左右,晴空里突然响起一声霹雳,一个炸雷脆生生地打在距朱正成仅200米的地面上,巨大的气流将他掀到空中,随后其又重重摔落在地。落地之后,朱正成随即晕了过去。

所幸发现及时,他被送到医院抢救,侥幸捡回了一条性命。

不过,一个在高尔夫球场工作的年轻男子却没有这么好的运气。2015年8月5日,上海北部地区出现短暂雷雨天气。风雨过后,天空放晴,23岁的男子卢某和同在高尔夫球场工作的姐姐一起,到球场上收拾被风雨刮倒的器具。此时太阳从云层中钻了出来,金灿灿地照耀着球场。当卢某和姐姐走到球场中央时,天空突然响起了一声炸雷,两人被当场打倒在地,卢某因抢救无效死亡,而他的姐姐也受了重伤。事发后,球场负责人告诉记者:"这真是晴天霹雳,雨停后,就打了一次雷,没想到会造成这样的严重后果。"

这些雷击事故给我们敲响了警钟:雷雨高发季节,在户外活动时,不但要关注头顶上空有无雷雨云,还要关注周边甚至是地平线是否有雷雨云存在,如果有潜在雷击风险,一定要小心躲避!

## 不要躲在大树下

雷雨来袭,很多人会下意识地跑到大树下去避雨,殊不知,这样的行为极具危险性。

2007年4月10日,云南省龙陵县镇安镇大坝村,十多位村民相约前往山上祭奠祖坟。下午4时左右,天气悄然发生了变化,不一会儿,雷鸣电闪,大雨如注。由于没带雨具,离家又远,村民们不约而同地跑到附近的两棵大树下避雨。

雨越下越大,雷越打越猛。村民们紧紧挤在一起,有人抱怨:"这个鬼天气,真是糟糕透了……"话音未落,突然一道闪电从天上直刺下来,电光猛地穿过两棵大树落到地上,只听"嘭"的一声巨响,堆积着大量树叶的地面被炸出了一个大坑。

"啊！"闪电爆炸的一刹那，树下避雨的人们顿感全身一阵发麻，14个村民昏迷不醒，几乎同时倒地，只有两个站在树边的村民侥幸躲过了雷击。

"快来人啊……"这两个村民大声呼救。山下的人们闻讯赶紧跑到山上，将这些昏迷者一一送往镇卫生院。经医生抢救，村民们总算脱离了生命危险。

雷击事件发生后，当地气象防雷技术人员立即赶到事发地点，经过现场勘察，认定这是一起雷击伤人事故：雷电不但击倒了村民们，而且将两棵树的表皮都"烧"爆裂了。

大树下遭雷击的例子不胜枚举。2014年6月2日，广西柳州市三江县独峒乡平流村的三个村民上山采茶。下午4时30分，天上突然下起了大雨，并不时有雷电出现。由于雨来得太突然了，三人都没带雨具，只好跑到附近的一棵大树下躲避。刚刚站定没多久，天上一个炸雷打下来，两个村民当场死亡，另一个村民则受了重伤。

这起雷击事件发生后，仅仅过了二十多天，江西省又发生了因在大树下避雨被雷击身亡的事件。2014年6月27日下午，吉水县冠山乡的一座山上，几个农民正在伐树。这时天空下起了瓢泼大雨，一行人赶紧跑到大树下避雨。雨越下越大，大约3时40分左右，天空突然传来一声巨响。响声过后，树下躲雨的五位农民全被击中，其中两人当场倒地，另外三人身上也不同程度受伤。一番手忙脚乱后，大家赶紧把两名昏迷不醒的伤者送到山下医院。经过抢救，一名伤者脱离了生命危险，而另一名则永远离开了人世。

　　大树下遭雷击最惨重的事件，发生在浙江省临海市杜桥镇：2004年6月26日下午，杜桥镇上三棵紧挨着的大杉树下，一大堆人聚在一起打牌，人们围得里三层外三层的，气氛十分热烈。下午2时许，天上下起了小雨，可人们毫不在意，依然玩得不亦乐乎。就在这时，一道凌厉的闪电从天而降，大树下随即响起惊天动地的响声，当场有三十多人被击倒，其中17人死亡。雷灾发生后，树下横七竖八地躺满了脸色灰黑、皮肤烧焦的尸体，到处是伤者的哭叫声，场面甚是凄惨。（关于杜桥镇雷击事件，我们在后面的章节中还会具体讲述）

　　德国的威斯特伐利亚州也曾经发生过一起雷击惨剧：一对年轻情侣驾驶汽车驶上高速路，当汽车驶到一片有树林的地方时，两人停下车，来到一棵大树下小憩。此时天空乌云翻滚，雷声一阵紧过一阵。突然，一个闪电落到他们附近，两人吓得面容失色。正当他们想跑出树林时，又一个闪电袭来，随着一声巨响，两人双双被雷电打死。

　　以上这些雷击事故告诉我们：雷雨天在大树下是十分危险的，因为大树距离雷雨云较近，雷电很可能会顺着大树树干对大地放电，所以人站在树下很容易被击中。

　　千万记住：打雷下雨的时候，一定不要站在大树下躲雨，如万不得已，也必须与树干保持3米的距离，身体保持下蹲并双腿靠拢。

「雷电逃生自救及防御」

## 不要躲进棚屋里

在野外遭遇雷雨时,能不能躲进棚屋或岗亭里呢?

不能,在孤立的棚屋和岗亭里同样有被雷击的风险!

2008年夏天,广西柳州市鹿寨县雒容镇发生了一起震惊全国的雷击事件:二十多个村民在田间的一座石棉瓦棚屋避雨时,突遭雷电袭击,十四人被当场击伤。

制造这起惨剧的帮凶不是别人,正是村民们避雨的棚屋!

让我们来还原这起雷击事件的经过。

2008年8月11日,广西鹿寨县雒容镇连丰村甫口屯的广阔田间,二十多个村民正在劳动,其中便包括一名姓覃的退休教师。覃老师早年曾是一名农民,后来在村小学代课,之后转为正式教师,退休后,他又重新操起锄头下田劳动。这天,覃老师和村民们一起,从上午一直干到下午。正当大伙干得热火朝天时,天空的云越来越多,太阳被遮住后,天色渐渐变得阴沉起来。

"看来要下雨了。"覃老师抬头望了望天空,不免有些担忧,因为他和大家一样,都没带雨具出来。

"没关系啦,反正有地方可以避雨。"一个村民指了指不远处的棚屋。

那是一座用石棉瓦和木头搭建起来的简易棚屋,棚屋长、宽、高均为两米左右,主体材料为木头,它们用马钉和铁线固定,顶上则用石棉瓦覆盖。棚屋孤零零地矗立在一块种植中药的旱田处,四周皆为低矮的水田和旱地,看上去十分空旷。

这座棚屋是旱田主人搭建的，平时无人居住，只有在每年药材快要收获的时节，主人才会到棚屋里过夜，以防有人盗挖药材。

覃老师看了看棚屋，心也就放下来了，他也想赶在大雨来临前，把地里的活干完。

云层继续加厚，风也刮了起来，不一会儿，猛烈的雷声响起了，闪电像火蛇般映亮了天空，随后，只听"唰"的一声，万千雨点瞬间向地面砸了下来。

"快跑啊，下雨了！"村民们被大雨浇得手忙脚乱，由于附近只有那座棚屋可以避雨，大家争先恐后地向那里跑去。

覃老师愣了一下，也跟着向棚屋跑过去。

很快，小小的棚屋挤满了人。村民们有的坐在木凳上，有的靠在墙上，而更多的则是站在屋中央。覃老师因为年纪较大，而且又当过老师，所以大家把木凳让给他坐。

刚刚坐下来不到两分钟，覃老师便听见外面传来"轰隆"一声巨响，紧接着看见一道强烈的白光映亮了屋子内外。白光一闪而过，覃老师还没明白过来是怎么回事，棚屋内站立的十多人突然全部倒在了地上。

"你们怎么啦？"覃老师慌忙蹲下身子，他看了看昏迷不醒的人们，顿时明白过来了：他们都遭了雷击！

覃老师迅速拨打了"120"电话，急救车迅速赶到，将遭受雷击受伤的十四人送到了医院治疗。在医生救治下，大部分人很快脱离了生命危险，但有三人由于受伤较重，一周之后仍在医院接受治疗。

这起雷击事件发生后，广西防雷中心的专家到现场进行了调查，他们认为这座石棉瓦棚属旷野孤立建筑物,而且做工简陋,无任何防雷装置,所以容易产生尖端放电而导致雷击。现场的勘察也表明:雷电先是击中了棚屋上的木桩,瞬间释放出强大电流,致使屋内村民几乎全被击倒。

类似的雷击事件广州也发生过:2015年8月10日下午15时许,六名游客在广州市海珠湖公园游玩时,突然天降大雨,游客们猝不及防,赶紧跑到公园的一座小木屋内避雨,这时一个炸雷打下来,屋内三名游客被击中倒地,其中一人伤势严重,伤及内脏。

防雷专家告诉我们:打雷下雨时,要尽快进入装有避雷针、钢架或钢筋混凝土的建筑物内躲避,而在空旷地方的孤立房屋,如果没有防雷装置,更易遭雷击,因此不要进入这样的屋内躲雨。

千万记住:进入装有避雷针的屋内避雨时,一定不要靠近防雷装置的任何部位,因为这些部位是电流通道!

## 山洞避雨须谨慎

如果你到高山景区旅游,遇到打雷下雨,而附近恰好有个山洞,你会钻进去避雨吗?

先别急着回答,让我们来看几个山洞避雨者的悲惨遭遇。

悲剧之一:天柱山的伤痛

2011年7月,两名重庆邮电大学的学生结伴到安徽省安庆市潜山县的天柱山风景区游玩。这两名大学生一个叫郭静恒,当年20岁;另一个叫王安东,年龄22岁。7月23日一早,两人从天柱山的山脚出发,一边游玩,一边往上攀爬。下午1时左右,他们终于爬上了海拔

1300米的主峰景区。可惜天不作美,就在他们爬上主峰不久,好端端的天气一下变了,天空雷鸣电闪,竟然下起了滂沱大雨。游兴正浓的游客们被浇灭了热情,赶紧四处寻找避雨的地方。郭静

恒和王安东也被淋成了落汤鸡,更要命的是,在大雨的冲刷下,他们很快失散了。这时雷打得很凶,一道道闪电就在头顶盘旋,仿佛随时都会打下来。慌乱之中,王安东找到了一个山洞。这个山洞不大,仅够一两个人容身,而且洞顶还不断有星星点点的雨水渗漏进来,但此时的他来不及多想,一头钻了进去。谁知钻进去没两分钟,悲剧便发生了:一个炸雷从洞顶的石缝中打下来,王安东当场被击身亡。而他的同伴郭静恒也没能逃脱雷电的魔爪,他在一块巨石旁被雷电击中,永远停止了呼吸。当天,与他们一起遇难的,还有一名来自上海的中年游客,三人的猝然离世给亲人们带来了心灵的巨大伤痛。

悲剧之二:情侣山洞遭雷击

2013年7月31日,广东肇庆市著名的风景名胜区——仙掌岩(凌霄宫)景区内,一对来自湛江的情侣正兴致勃勃地游玩。这对情侣刚从大学毕业,并已经找到了各自满意的工作。他们想在上班之前,出来好好游玩一番,肇庆便是他们旅游的第一站。在仙掌岩美丽的风光前,两人流连忘返,玩得十分尽兴。不知不觉,天气发生了变化,天空雷电交加,下起了大雨,两人赶紧跑到仙掌岩的山洞里避雨。不料刚刚跑进去,还没来得及喘口气,一个猛烈的霹雳打来,山洞里电光乱窜,嗡嗡直响,两人双双被打倒在地,男青年当场死亡,而女青年则受了重伤。

悲剧之三:一家三口遭雷击

2011年8月4日下午，贵州省六盘水六枝特区郎岱镇坝子村，一名叫熊国英的妇女和丈夫、公公到离家较远的地里去除草。那块地位于山坡半腰，地势陡峭，而且周围长满了荆棘和杂草。一家三口干到下午4点多钟，天上突然下起了暴雨。公公记得附近有一个山洞，于是带着熊国英及其丈夫到洞里避雨。他们进去后没多久，便遭到了雷电袭击，丈夫和公公倒在地上不能动弹，而熊国英伤势相对较轻。雷电停止后，她赶紧拨打电话求救。经过民警和村民们两个多小时的努力，一家三口终于被送到医院抢救，并最终脱离了生命危险。

看了上面几则雷击事件，你还会觉得山洞是安全的吗？防雷专家指出，山洞之所以会招来雷击，主要有两方面原因：一是岩洞有石缝与山顶相通，当雨水顺着岩壁流入岩洞底部时，就会造成局部导电而引来雷击；二是岩洞的岩石成分若为硅酸盐花岗岩，遇下雨时，硅酸盐遇水会溶解产生电离子物质，从而把雷电招来。所以，专家告诫我们，雷雨时最好不要躲在山洞里，如果在高山景区突遇雷暴天气，迫不得已需要选择山洞躲避雷暴时，应注意以下几点：一是不要在山洞口、大石下躲避，而应选择深邃的山洞，并尽量往里走；二是不要在潮湿的岩洞中躲避，更不要靠近岩洞石壁或突出的岩石；三是在岩洞躲避时，人员要尽量分散蹲下，不要挤靠在一起。

## 汽车避雷应当心

大雨滂沱，汽车在高速公路上行驶，雷声打得震天动地，闪电把车窗外面的世界照耀得十分可怕。

雷雨天，汽车会被雷击吗？坐在里面的人安全吗？

可能很多人都看过这样一段实拍视频：雷雨交加的天气里，一辆汽车在高速公路上飞速行驶，突然一道闪电从天而降，猛地击中了汽车。不过令人意外的是，汽车竟然安然无恙，继续在高速公路上行驶。

除了这个视频，著名汽车节目《Top Gear》也做过一个雷击汽车的疯狂实验：一名男主持人坐在一辆汽车内，实验人员通过高压放电装置产生高压电电击汽车，以模拟汽车遭遇雷击时，观察驾驶员和乘客是否会受到伤害。实验证明：当60万伏的高压电袭击汽车时，车体完全没有受到任何损伤，只有汽车仪表盘的指示灯受到了影响，其他各种仪器运转正常，而坐在车内的主持人更是毫发未损。

你可能会问：汽车为什么不怕雷击呢？原来，这是法拉第笼效应在保护汽车。

什么叫法拉第笼效应呢？需要说明的是，法拉第是一个人的名字，他是英国著名物理学家，这可是一个了不起的人物，他一生和电磁研究打交道，称得上是电磁学的奠基人。1836年，法拉第在一次研究中，偶然发现了一个奇怪现象：带电导体上的过剩电荷只存在于其表面，而不会对封闭在其内部的任何物体产生影响。这是真的吗？为了验证这一事实，法拉第买了很多金属箔，请人帮忙建造了一间亮闪闪的金属箔房子。房子建好后，他启动静电装置，产生了十多万伏的高压电去电击房间外壳。当时在场的人都闭上眼睛不敢观看，但奇怪的是，金属箔房间竟安然无恙，验电器也显示，房间内并没有出现多余的电荷，这就是说，房间的金属外壳对它的内部起到了保护作用，使它完全不受外部电场变化的影响——法拉第的这个实验，一下震惊了整个物理界，人们称其为法拉第笼效应。现代汽车的避雷设计，正是利用了法拉第笼效应原理：汽车外壳都用金属制作而成，它就像法拉第建造的金属箔房间一样，即使被雷电击中，汽车内部的电磁环境也基本不受影响，同时，雷电流会顺着雨水通过车体表面到达车轴位置，并通过潮湿的轮胎将电流很快传递到地面，所以，坐在车内的人可以安然无恙，汽车也因此成为我们在室外较为理想的避雷场所。

不过，即使有车体这一"金钟罩"护身，汽车在室外雷雨天里也不是绝对安全：当汽车被雷电击中时，瞬间的高压电也有可能损坏车内的电子元件，造成车内电器不能正常工作，严重时还会发生火灾。防雷专家告诉我们，雷雨天驾车出行须注意以下几点：一是行车过程中遭遇雷电时，最好及时把车停在路边安全的地方，停车地点要远离大树、广告牌、电线杆、变压器、变电箱等；二是关闭所有车窗，使车辆形成一个完全封闭的空间，不要触摸车窗把手、换挡杆、方向盘等，把双手放在大腿上；三是行车途中汽车被雷电击中时，千万不要贸然下车检查车况，要耐心等待雷电远离；四是若在雷雨天发生爆胎等意外情况时，最好不要在户外换胎，应尽量避免接触和汽车关联的金属物；五是关掉车内的音响系统、收音机等电器设备，尽量不要使用手机，以免诱发雷击和烧机等事故。

最后要提醒的一点是：当你乘车遭遇打雷时，千万不要把头和手伸出车外！

## 请关闭手机

手机可以说是现代人亲密无间的"伙伴"，不过在雷雨天气里，和你须臾不离的这位伙伴却可能会成为雷电的帮凶。

在说手机"伤主"之前，我们先来看一件手机"救主"的奇事。

这件奇事发生在乌克兰，事件的主人公名叫苏菲·索尼娅。这天下午，索尼娅和男朋友一起到郊外游玩。两人走出没多远，天空风云突变，地上狂风大作。"要下雨了，咱们赶快回去吧！"男朋友拉起索尼娅往回跑。在离家不远的地方，大雨"哗啦啦"地下了起来。两人赶紧跑到一棵大树下避雨。这时天空被闪电照得透亮，炸雷一个接一个地响起。突然，一个炸雷直接朝两人藏身的大树劈来。"轰隆"一声巨响过后，索尼娅倒在了地上，而她的男朋友也捂住眼

睛，痛苦地呻吟起来。两人很快被送到医院，经过诊断，索尼娅的胸部和腿部有烧伤痕迹，而她的男朋友则眼睛受伤。经过防雷专家分析，雷电先是击中了大树，电流随着树身下来后，击中了靠着大树站立的索尼娅，按照一般的常理，她应该性命难保，但由于她口袋里装着一部手机，手机的电线从口袋里伸出来，无意中与树身接触在一起，因此强大的电流通过手机电线，又回到了树身上，从而远离了索尼娅的重要器官，保住了她的性命。

  这起雷击事件再次警示我们：打雷下雨的时候，千万不能在树下或灌木丛中避雨！事件中的索尼娅是幸运的，她被手机无意间救了性命，但在众多雷击事件中，主人公们却没有这么好的运气了。

  2013年7月4日，河南省叶县境内发生了一起因接听手机导致雷击致死事件，遭遇不幸的是一名18岁的高中男生。学校放假后，这名男生回到了家中。7月4日下午，该男生和奶奶一起，到村外的玉米地锄草。大约5时左右，天上下起了大雨，祖孙俩都没带雨具，于是赶紧躲到地头的一棵大树下。就在这时，男生揣在口袋里的手机响了，他掏出手机看了看，随即摁下了接听键。和对方还没说上两句话，突然一道闪电在眼前划过，男生闷哼一声，当即栽倒在地，他的手和胸部都变成了炭色。奶奶哭叫着四处喊人，最后在邻居帮助下，男生被紧急送到了该镇卫生院，但为时已晚，男生已经停止了呼吸。

  接听手机会引雷，而拨打手机同样会引雷。2011年7月的一天，辽宁省庄河市发生了一起雷击致死的悲剧：该市一个姓于的村民在外

面学习挖掘机操作技术时,天上突然下起了大雨,同时伴有猛烈雷电。于某和同伴赶紧从挖掘机上下来,向一个避雨的地方跑去。奔跑途中,于某忽然想起家中晾晒的粮食没收,于是赶紧掏出手机拨打电话。电话刚刚接通,一个炸雷猛地打下来,于某当即倒地,后经抢救无效死亡,而与他一起奔跑的同伴虽然受了惊吓,却安然无恙。

接听和拨打手机会招致雷击,而手机揣在身上也可能会招来雷电。2014年6月11日早晨,山东聊城市雷电交加,一个闪电从天而降,击中了一名在田间劳作的农民,这个农民当场身亡,而他揣在裤兜里的手机屏幕也被闪电击中碎裂,机身和后盖也有不同程度的损坏。据分析,当时这个农民没有接听电话,也没有拨打手机,他之所以被雷击,很可能是和裤兜中装着的手机有很大关系。

以上这些事例告诉我们:雷电交加时,千万不能使用手机,为了安全起见,最好把手机关闭!

## 拔掉电源插头

打雷了,闪电了,有人却还沉迷在网络游戏中,觉得外面的雷电和自己毫不相干。

这种置若罔闻的行为十分危险,因为一声响雷过后,轻则电脑报废,重则可能造成人身伤害。

我们还是来看看一起雷击事例吧。

2013年4月27日晚8时左右,重庆铜梁县一带乌云密布,狂风骤起,一场雷阵雨即将来临。在该县新城区某工地的一座简易工棚里,一名叫沈其群的中年妇女正在整理床铺,她19岁的儿子则在外面的房间里玩游戏。

沈其群和丈夫王光成来自铜梁县石鱼镇安平村，他们已经在县城打工多年。三年前，他们的儿子初中辍学后，也来到县城，跟着他们当了一名钢筋工。一家三口虽然劳作辛苦，倒也过得其乐融融。

儿子平时没有别的爱好，唯一喜欢的就是上网打游戏。为满足儿子的这一爱好，沈其群和丈夫王光成商量后，咬牙花三千多元买了一台笔记本电脑。儿子十分高兴，除了上班时间，他几乎都和电脑待在一起。

这天，一家三口吃完晚饭，已经快晚上 8 时。王光成到隔壁房间找工友聊天去了，沈其群在自家工棚里铺床，他们的儿子则独自待在另一个房间里。

"未未，你又要耍电脑哇？"沈其群从房间里出来，看见儿子打开笔记本电脑，准备上网打游戏。

"嗯！"儿子回答一声，戴上耳塞，打开电脑开始上网。

这时外面雷电交加，瓢泼大雨倾泻而下。

沈其群担心工棚会漏雨，当她正要检查屋顶时，突然一个炸雷打来，震得工棚嚓嚓作响。雷声还未停止，儿子忽然从凳子上一头栽倒，仰面倒在了她的脚边。

"未未，你怎么啦？"沈其群吓慌了，她大声呼喊，可儿子只是轻轻"嗯"了一声，声音显得十分微弱。

沈其群惊慌失措，赶紧去隔壁房间叫丈夫。这时又一个炸雷打来，整个工地电源短路，瞬间变成漆黑一片。王光成疯了一般跑过来，在工友们的帮助下，夫妇俩拨打了"120"急救电话。可还是迟了，救护车赶到时，他们的儿子已经停止了呼吸和心跳。

据防雷专家分析，此次雷击灾难是电源线惹的祸：雷电先是打在室外的电线上，电线"引雷入室"，强大的高压瞬间进入室内，从而导致了这起惨剧。

在平时的生活中，打雷时我们即使不玩电脑，但如果不拔掉电源插头，也会导致家中类似电脑等家用电器被烧坏。如 2013 年 7 月 30 日下午，山东烟台市莱山区王官庄村一带惊雷滚滚。响雷过后，村里几十户人家的电器都被雷电烧坏。村民于德坤当时正在家中，下午三点钟的时候，他听见外面一声炸雷响，很快，家里的电视冒起了黑烟，而电脑也被打坏了。2013 年 8 月 28 日，青海省西宁市某居民小区的一根电缆遭雷击后损坏，雷电"顺道"窜进居民家中，将多户未拔电源插头的居民家电器烧坏。

以上雷击事件告诉我们：在雷雨天气里，不仅不能使用电脑等电器，还应把电器的电源插头拔掉（电话线及电视闭路线等可能将雷电引入的金属导线也要一并拔掉），同时尽量不要拨打、接听电话或使用电话上网。

## 金属管线碰不得

金属管线，是指水管、暖气管、煤气管等由金属构成的管线。打雷闪电的时候，这些和我们生活息息相关的管线也可能会成为引雷入室的一大"帮凶"。

2006 年夏季的一天，欧洲国家克罗地亚发生了一件离奇的雷击事件：一个年轻妇女被雷击中后，电流竟然在她体内绕了一圈，最后从其直肠中跑了出去。

这名年轻妇女名叫南莎，她当时居住在克罗地亚南部城市斯普利特郊外的一座房子里。事发的前两天,家里人,包括她的老公和孩子都去度假了,而南莎因为工作原因暂时留了下来,她准备把手头的工作完成后,就赶去和家人会合。事发的这天早晨,斯普利特上空乌云翻腾,雷电交加,一场大暴雨即将到来。南莎忐忑不安地起床后,发现屋里已经停电了。"今天真倒霉!"她小声嘟囔了一句。由于外面天空昏暗,屋里的一切显得模糊不清。南莎穿好衣服,慢慢摸索着向卫生间走去。

走到卫生间门口,大雨"唰"的一声下了起来,整个天地顿时笼罩在无边无际的雨帘中。南莎走进卫生间,摸索着找到牙刷,挤上牙膏,迅速地刷起牙来。刷完牙后,她却怎么也找不到杯子,于是她直接把嘴凑到水龙头上喝水漱口。不料,她的嘴刚接触到水龙头,房顶上空响起了巨大雷声,一道闪电照亮了天地,也把屋子映得一片雪白。雷雨声中,一股强大电流从水龙头直接通向南莎身体,她连哼都没哼一声,便一头栽倒在地昏迷了过去。

幸运的是,这天早上,南莎的妹妹恰好来看姐姐。当她进屋发现南莎倒在地上后,立即拨打了急救电话。很快,南莎便被送到医院,经过抢救苏醒了过来。医生经过检查,发现她的直肠受了伤,臀部也有烧伤痕迹。为什么会出现这种情况呢?专家经过现场勘察,终于弄清了真相。原来,当时雷电击中了屋外裸露的水管,电流随着水管进入室内后,进入了南莎体内,由于南莎的鞋子不导电,电流寻找到了另一个出路,即从她的直肠出来,然后与潮湿的接地浴帘形成了回路。专家指出:如果不是脚上的鞋子,南莎很可能当场就死亡了。

类似的雷击,四川省汉源县也曾发生过一例:2000年夏初的一天下午，汉源县的一个乡镇雷电交加，有个年轻小伙在自家屋里洗澡时，突然一个炸雷打来，他一下倒在地上人事不省，家里人把他送到医院，经过一番抢救才保住了性命。经县防雷专家分析，雷电应该是先打到了楼顶的太阳能热水器上，由于房屋没有安装防雷装置，所以电流便顺着铁质水管进入了楼下的浴室，从而造成了这起雷击事故。

除了水管，暖气管、煤气管也会引雷，所以打雷下雨的时候，我们一定要小心这些金属管线，不要靠近和触摸它们。

另外须记住的是：雷雨天里，不能使用太阳能热水器洗澡！

## 雷击伤人快施救

被雷电击中后，强大的电压可使人的心脏停止跳动，若不及时抢救，伤者便可能永远都不会再醒过来了。

那应该怎么抢救呢？下面，咱们通过一个小故事，去了解雷击抢救的一些相关知识。

2013年夏季的一天，河南省驻马店市某村。"轰隆隆"，随着一声巨响，村民赵大栓不幸被雷电击中，他当场倒在地上，昏迷不醒。赵大栓的家人闻讯赶来，抱着赵大栓痛哭失声。

"现在不是哭的时候，赶紧找医生抢救啊！"邻居一句话点醒了赵大栓妻子。她赶紧张罗着救人。

送医院已经来不及了，赵大栓的妻子赶紧给村里的卫生员小马打了一个电话。

小马两分钟内就赶到了现场，他去年曾经到市里的医院培训过，也懂得一些雷击病人的抢救知识。

小马蹲到赵大栓身边,用手试了试,发现他已经没有了呼吸,听听他的心脏,已经没有了心跳。

"大栓是不是被打死了?"赵大栓的妻子哭得像个泪人。

"这种现象是'假死',是雷击后出现的心脏突然停跳、呼吸突然停止现象,你们不要悲伤,我现在要赶紧做人工呼吸,帮助他恢复心跳。"小马放下身上的药箱,赶紧行动起来。

小马让大家把赵大栓抬起来,使他仰卧着。他迅速解开赵大栓的衣扣,松开他的紧身内衣和腰带,掰开他的嘴巴,使他的头部尽量后仰、鼻孔朝上,然后,小马深吸一口气,紧贴着赵大栓的嘴巴吹气。同时,吹了大约1分钟后,小马两手压在他的胸上,略为用劲地按压起来。

忙碌了一阵,小马的额头渗出了一层细密的汗珠,而赵大栓也渐渐有了生理迹象反应,他开始有了呼吸,心脏也开始跳动了。赵大栓的妻子见了,脸上的悲伤稍稍放下了些。

"现在大栓已经没有生命危险了,不过,要彻底恢复,还是赶快送医院为好。"小马从地上起来,他打开药箱,帮助赵大栓处理了被雷电烧伤的创口。

"小马,你啥时学的这一招哦?"围观的村民对小马赞羡不已。

"我去年培训过,当时还请防雷专家给我们上过课呢,"小马说,"被雷打中的人,往往会出现血管痉挛,严重的还会使心脏停止跳动,呼吸停止,不过,这种'假死'的人还有救,只要赶紧进行抢救,实行人工呼吸配合胸外心脏按压,一般都会抢救过来……"

小马说的没错!专家指出,人体遭到雷击后,强大的电压可使人的心脏停止跳动,但若能在4分钟内以心肺复苏法进行抢救,部分伤者的生命是很有可能被挽救过来的。因此,一旦发现有人被雷击,必须争分夺秒进行:在打"120"求助的同时,对于轻伤者,应立即转移到附近避雨避雷处休息;而对于重伤者,则要立即就地进行抢救(就像小马对赵大栓那样,迅速使伤者仰卧,并不断地做人工呼吸和心肺复苏术,直至呼吸、心跳恢复正常为止)。

专家还告诉我们:如果遇到一群人被闪电击中,应先抢救那些已无法发出声音的人!

## 安装避雷针

室内避雷,最安全的措施是什么?

没错,就是安装避雷针!

咱们还是通过一个故事,去了解避雷针的作用吧。

小王家的新房马上就要完工了。这天,小王的爸爸从县里请了两个防雷专家,请他们给新房安上避雷针。

小王非常好奇,他一边看专家们安装避雷针,一边问道:"叔叔,避雷针是怎么避雷的呢?"

"准确地说,避雷针的作用不是避雷,而是引雷,它在雷雨云尖端放电时,把雷电通过引线导入地下,这样雷电就会乖乖听人类的话,不再乱发脾气了。"专家老张一边对小王说,一边在屋顶四周用细钢筋围了一个圈,这些钢筋每隔一段距离,就有一个尖尖的脑袋——整个看起来,就像是为屋顶戴上了一顶漂亮的皇冠。

"叔叔,这些尖脑袋就是避雷针吗?"小王指着那些竖立的钢筋问。

"对,当雷电打来的时候,最先接触到的就是这些钢筋,它们把强大的电流通过引线导入地下,就会使楼房免遭雷击了,"老张说,"如果没有这些钢筋,雷电就会直接打在楼房上,使房屋被打坏,强大的电流还会进入屋内,使人畜生命受到威胁,财产受到损失。"

"叔叔,我明白了,难怪新房子修好后,都要请你们来安避雷针。"小王高兴地说。

"是啊,"老张说,"现在随着全球气候变暖,雷电越来越凶,给房屋安避雷针是减少雷电灾害的唯一途径,我们的工作,就像是在给每幢房屋穿保险衣呢。"

"安了避雷针,就不怕雷电了吧?"小王又问。

"也不能这样说。即使装了避雷针,也要注意掌握一些防雷的相关知识,比如打雷的时候,要注意把门窗关上,人不要靠近或触摸水管、煤气管等,尽量远离金属门窗和有电源插座的地方,更不要站在阳台上,如果屋顶安装了太阳能的,打雷时千万不能用太阳能热水器洗澡。此外,避雷针也要每年按时检测,以免损坏后失去防雷作用。每年雷雨季节来临之前,防雷专家都要对所有的防雷设施进行检测,看防雷器的工作是否正常,如果不正常,就要下发通知,要求屋主或单位进行整改。"老张介绍说。

老张他们把屋顶的避雷针装好后,又到小王家的新房里看了看,建议小王家再安装一个内部防雷装置。

"屋顶装了避雷针,屋内还用得着装吗?"小王的爸爸不解地问。

"屋顶的避雷针,是防止雷电直接对房屋造成损害的,而屋内的避雷装置,是防止雷电产生的电磁波,以保护屋内的家用电器安全。"老张解释道。

"那好,给我家也安装一个内部防雷装置吧。"小王的爸爸想了想,点头同意了。

"叔叔，内部防雷装置是怎么回事啊？"小王又在一边发问，大有打破砂锅问到底的架势。

"打雷闪电的时候，都会产生强大的电磁波，这些人类看不见的电磁波会使家电烧坏。内部防雷装置，就是把房屋墙体中的所有钢筋，以及金属门窗等通通连起来，形成一个密密的'笼子'，这个'笼子'把雷电电磁波挡住，从而就能对家电产生保护作用了。"

"叔叔，我明白了，谢谢您！"小王谢过老张，高兴地出门玩耍去了……

通过这个故事，你知道避雷针的重要作用了吧？没错，安装避雷针和防雷装置可以说是我们生命和财产的重要保障。

## 雷电预警助安全

暑假的一天，明明和爸爸一起去爬山。

出发没多久，爸爸的手机便收到了一条短信，他打开看了后说："明明，咱们不要往上爬了，休息一会儿就下山吧。"

"为什么呢？"明明停住脚步，十分不解地说，"不是说好爬到山顶的吗？怎么能半途而废呢？"

"嘿嘿，不是爸爸不想往上爬，而是天气状况不允许。"爸爸摇了摇头。

"天气怎么啦？"明明抬头看了看，天空明明很晴朗，根本不像要下雨的样子。

"你看看这条短信，这是气象台刚才发布的消息。"爸爸说着，把手机递了过来。

明明接过手机，只见上面有这样一段文字：未来 6 小时内，预计我市的东岭山区一带将会发生雷电活动，请尽量避免户外活动，以免发生雷击灾害……

"咱们现在爬的这座山正是东岭山，"爸爸说，"咱们如果一直坚持爬，爬上山去都是下午了，那时正好赶上雷电，所以还是往回撤吧。"

父子俩在山脚下玩了一会儿，便打道回府了。这天下午，山顶一带果然雷鸣电闪，下起了瓢泼大雨。

以上这个事例中，爸爸收到的手机短信便是雷电预警，它一般以预警信号的形式发布。

我国气象部门将雷电预警信号分为三级，分别以黄色、橙色、红色表示，颜色越深，表示未来雷电活动越强烈，发生雷击的可能性越大。下面，让我们来一一认识这三种预警信号。

**黄色预警信号**

发布标准：6 小时内可能发生雷电活动，可能会造成雷电灾害事故。

收到黄色预警信号后，需要做好以下防御准备：

1. 政府及相关部门按照职责做好防雷工作。
2. 尽量避免户外活动。

**橙色预警信号**

发布标准：2 小时内发生雷电活动的可能性很大，或者已经受雷电活动影响，且可能持续，出现雷电灾害事故的可能性比较大。

收到橙色预警信号后，需要做好以下防御准备：

1. 政府及相关部门按照职责落实防雷应急措施。
2. 人员应当留在室内，并关好门窗。
3. 户外人员应当躲入有防雷设施的建筑物或者汽车内。
4. 切断危险电源，不要在树下、电杆下、塔吊下避雨。
5. 在空旷场地不要打伞，不要把农具、羽毛球拍、高尔夫球杆等扛在肩上。

红色预警信号

发布标准：2小时内发生雷电活动的可能性非常大，或者已经有强烈的雷电活动发生，且可能持续，出现雷电灾害事故的可能性非常大。

收到红色预警信号后，需要做好以下防御准备：

1. 政府及相关部门按照职责做好防雷应急抢险工作。

2. 人员应尽量躲入有防雷设施的建筑物或者汽车内，并关好门窗。

3. 切勿接触天线、水管、铁丝网、金属门窗、建筑物外墙，远离电线等带电设备和其他类似金属装置。

4. 尽量不要使用无防雷装置或者防雷装置不完备的电视、电话等。

雷电预警信号是我们防御和躲避雷电袭击的好帮手，你一定要引起重视哦！

## 雷电逃生自救准则

好了，下面咱们来总结一下雷电逃生自救的准则吧。

第一，关注雷电预兆。青蛙大叫、蚂蚁搬家、蚯蚓出洞、麻雀洗澡等，都有可能是雷雨来临的征兆；当天上出现花椰菜云、鬃状云、乳房云、棉花云等，极有可能会出现打雷闪电；雷雨天气里，收音机出现杂音，或头发出现竖起迹象时，表明雷电很快就会到来，这时必须尽快采取措施躲避危险。

第二，雷电来临时，不要在旷野行走，不要站在山顶或者楼顶等高处，也不要下河游泳，当雷电袭来时，应迅速蹲下身体；不要打伞，也不要把羽毛球拍、钓鱼竿、球杆、锄头、铁锹等扛在肩上；不骑自行车、电瓶车和摩托车；不在空旷场地踢足球、打高尔夫。

第三，雷雨天气里，不要在大树下避雨，也不要进入空旷地方的孤立房屋内，应尽快到装有避雷针、钢架或钢筋混凝土的建筑物内躲避；雷雨时最好不要躲在山洞里，如果迫不得已需要选择山洞躲避雷暴时，注意不要接触潮湿洞壁；汽车里避雷比较安全，不过千万不要把头和手伸出车外。

第四，打雷闪电时，记得要把手机关掉，把屋内的电器电源插头、天线插座等拔掉；不要碰触水管、暖气管、煤气管等金属管线。

第五，房屋须安装避雷装置，还有最重要的一点，是养成每天关注天气预报的习惯，当气象台发布了雷电预警后，应尽量不要外出。

# 雷电灾害启示录

# "雷灾村"真相

一个彝族村寨频频遭受雷电袭击,连续两年人死畜亡;防雷专家三次深入村寨调查,揭开雷灾频发真相;政府做出整体搬迁决定,村民们陆续离开村寨,搬到了山下居住。

这是一个什么样的村寨?雷击的真相又是什么呢?

## 沈家山上雷灾不断

四川省石棉县永和乡裕隆村5组位于大渡河畔的高山上,人们称这里为沈家山。全组158人散居在海拔1500米至2000米的山脊上。

2003年4月26日下午5时,沈家山上空黑云翻滚,电光响雷十分惊人。36岁的彝族汉子沈杰民和妻子沙秀英正在盖猪圈,看到雷打得很凶,沙秀英停下手中的活,把沈杰民拉到了屋内。

堂屋的火塘边,沙秀英边剁猪食边跟沈杰民聊天。突然一声巨大的霹雳震得房屋颤抖,随即一团火球扑进屋内,堂屋的立柱当即被打裂,在火塘边抽烟的沈杰民一声未哼倒在了地上。被吓呆的沙秀英过了好久才想起去拉丈夫,然而沈杰民早已停止了呼吸。火塘另一侧,11岁的大女儿头发被烧焦,两眼紧闭昏迷在地。另一间屋内,75岁的沈母也被雷电击昏倒地。同一时间,距沈家不远的一户村民家两头猪也被雷电击死。

然而,全寨人谁也没有想到:这,仅仅是噩梦的开始。

「雷电灾害启示录」

2004年4月,沈家山刚刚迎来春暖花开的季节,雷电再次不期而至。4月2日下午5时许,降隆雷声在寨子上空响起,突然一道闪电划过村民罗明全家的猪圈,只听一声巨响,猪圈里传来凄厉的猪叫声。罗明全壮着胆子到猪圈里一看,那头大白猪一边嚎叫,一边惊慌地四处转圈,而另一头黑猪早已死亡。

恐慌之中,灾难频频降临。4月25日晚上,寨子上空雷电大作。二十九岁的马海河大正在母亲家看电视,见雷打得惊人,赶紧跑回自己家中。"你带两个娃娃先睡,我看屋里哪地方会漏雨。"大约10时30分左右,雷电窜入马家屋内,一阵耀眼的强光过后,床上的马海河大和妻子依生姆、两个孩子全被雷电击中昏迷。十多分钟后,依生姆从昏迷中醒来,伸手去拉丈夫,发现马海河大浑身冰凉,早已停止了呼吸。

四天之后,雷电又一次袭击了沈家山。4月29日傍晚8时,寨子上空被乌云笼罩得严严实实,持续不断的雷声和闪电一次又一次地袭向地面。寨子里鸡飞狗叫,猪和羊吓得四处逃窜,满山乱跑。雷鸣电闪中,沈呷呷家突然滚进一个火球,四溅的火星将被盖引燃,待全家手忙脚乱将火扑灭后，发现一床被盖烧得只剩下了半截。住在山顶的沈玉武家更惨，雷电进屋后将一只木床腿当即打烂，睡在床上的沈妻一只腿被雷电击中，好多天还麻木不能下地。雷雨过后，寨子里一片狼藉，3头猪被雷电打死，4只鸡被烧焦；一村民家堂屋立柱上挂的杆秤被打为两截，寨子中的一株老核桃树主干被打裂，两根粗大的杉树被打断。

接连不断的雷击灾害使得寨子里每个人都人心惶惶。

## 雷为何老打沈家山

2003年4月27日，即沈杰民被雷击死的第二天，永和乡政府就将雷灾报告了县政府。"那次雷击之所以致人伤亡，我们当时分析是电线引起的，因为距沈家不远的配电房也遭到了雷击，房里的打米机和磨面机也被打坏了，还有从配电房到沈家的电线也被打成了几截。"县气象局局长陈品海如是说。根据气象部门的建议，乡人大副主席姜秀才带人把电线重新更换，原来裸露的铝线换成了皮线。哪知2004年4月25日，同乡的马海河大在雷击中死亡。

4月27日，接到乡政府的报告后，陈品海带领县防雷中心的工作人员再次爬上了沈家山。因为马海河大当时睡觉的床头距电线很近，所以防雷工作人员认为雷灾的始作俑者仍是电线。防雷工作人员建议村民把电线全部拆除，先避过雷雨季节再说。谁知雷打得更凶，4月29日晚上，沈家山又遭受雷击后，陈品海只得向雅安市气象局打报告，请求派专家来现场勘探和调查。

2004年"五一"大假刚过，雅安市气象局副局长刘伟就带领法制科长乔启、市防雷中心主任胡林平等人赶到石棉。第二天，乔启等人攀爬6个多小时，一一走访了沈家山上受灾的人户。勘查中，防雷专家仔细查看了沈家山的地形地貌，分析了土壤成分和泥土的潮湿度，认为沈家山雷击主要是地理地形引起的：沈家山地处山脊，气流在经过此处时由于地形的作用沿山抬升，形成电荷积累，极易产生雷击，而正好部分村民的住宅都建在山脊的小块平台上，加上近年来滥砍滥伐，住宅四周的森林多被砍伐殆尽，于是房屋便成了雷电袭击的首选目标。当雷电能量积累到一个临界值时，一旦天气条件适宜，就极易产生雷击。

专家们同时指出了这里雷灾频发的另一个原因：该组在上世纪70年代中期便安装了供电线路，当时是由电力公司的安装队安装，其线路上每间隔一定距离便进行了防雷接地，所以近二三十年来该地未受到大的雷灾。后来由于多方原因，供电线路被拆除，村民们自发架设了线路，而改建后的线路由山下沿山脊向山上架空引入，线路走向和山脊走向基本一致，且未有任何防雷措施，给雷电波的入侵提供了通道。再加上近年来村民们的收入增加，购置和使用家用电器的频率增多，而且存在线路乱拉乱接、裸露过多等多种因素，所以给雷电袭击制造了可乘之机，导致雷灾频频发生。

## 政府决定"雷灾村"整体搬迁

2004年5月30日，雅安市气象局将一份翔实的《石棉县永和乡裕隆村5组雷灾成因分析》交给了石棉县政府。《分析》指出：裕隆村5组近年来不断遭受雷击事故，有人为因素，但主要是由于该组所处的特殊的地理环境所造成的。如果在该处设置相应的防雷装置进行保护，投入的经费很大，而且村民居住分散，安装防雷装置不太现实，因此建议当地政府采取一定措施，对该处村民进行整体搬迁。

6月3日，石棉县政府召开常务会议，采纳了气象部门的建议，决定裕隆村5组整体搬迁。搬迁方式按照村民自愿、自主联系居住地，乡村协助办理相关手续，政府给予一定补助的方式进行，搬迁新建居

住点应具备一定的生产生活条件。如果村民自己联系不到接收点，乡政府、救灾办、民政局将帮助联系。

在政府的帮助下，沈家山上的村民陆续搬到了山下居住。2004年8月9日，组长罗明贵带领两个村民，专程来到县气象局。"感谢气象局帮了我们的忙，感谢你们让全村人摆脱了死亡的威胁。"罗明贵紧紧拉着局长陈品海的手激动地说道。

"雷灾村"的故事警示我们：一是要保护生态环境，不要肆意破坏森林，否则必将招致大自然的报复；二是供电线路安装必须由专业人士操作，不能自行架设，更不能乱拉乱接，避免给雷电袭击带来可乘之机。

## 学校恐怖雷击

"轰隆"一声巨响之后，7名小学生瞬间失去了生命，44人被击伤。死难的7名学生中，最大的15岁，最小的仅10岁。2007年5月发生在重庆开县义和镇的校园雷击事故，令人十分悲痛而又震惊。

雷电，为何跟天真可爱的孩子们过不去呢？

### 黑云笼罩小山村

开县位于重庆市东北部，在三峡库区小江支流回水末端，而义和镇位于开县西部边陲，距开县县城40多千米。

义和镇兴业村，是一个有三百多户人家的小山村，村民们分散居住在山峦之间。村里有一所小学校，全村的适龄孩子，几乎都在这所学校上学。

2007年5月23日,孩子们像往常一样早早便来到学校上课。上午的天气很好,天空晴朗,虽然有些闷热,但孩子们还是高高兴兴地翻开书本,跟随老师大声朗读起来。上午的课程结束后,大家争先恐后地跑出教室,回家吃完饭后,又一路小跑着回到学校。

下午2点刚过,兴业村上空天色骤变,阴云像幕布似的将天空遮得严严实实。乌云越压越低,黑夜仿佛提前来临,天空如染了浓重的墨汁般十分昏暗。

四年级的学生们在昏暗的教室中端坐着。下午的第一节课是数学,"你们能看清黑板上的字吗?"教数学的程先文老师走进教室后问大家。"能看清!"学生们齐声回答。事实上,坐在后面的学生已经快要看不清黑板上的粉笔字了,不过,习惯做乖孩子的他们还是跟着回答说能看见。程老师点了点头,在昏暗中给学生们上课,他尽量讲得很慢,粉笔字也比往日写得大了许多。

此时外面的天空更加昏暗,雷电隐隐,风声渐起,一场大暴雨正在快速酝酿之中。

下午的第一节课结束后,课间休息,学生们大多待在座位上没有动,他们有的趴在桌上写作业,有的小声说话,更多的人则是默默注视着窗外的天空,担心下雨放学后怎么回家。

下午的第二节课还是数学课,程老师讲了一会儿新课后,便给学生们布置了课堂作业。大家安静地做着作业,不知不觉,时针指到了下午4点,再过一会儿就该下课了。做完作业的学生开始默默收拾书包,做好下课后放学的准备。

就在这时,外面狂风骤起,黄豆般大小的雨滴纷纷落下,伴随大雨,天边传来了滚滚雷声。

## 可怕的雷击灾难

雷声越来越近,渐渐移到了兴业村小学校园上空,同时闪电不停出现,把外面的世界映得十分通亮。

四年级的教室里,学生们的心情不免有些紧张,大家不时看看窗外,心里都有些莫名的紧张和害怕。

而在隔壁的六年级教室里,年龄稍大一些的哥哥姐姐们却没有这些担心,他们再过一个月就要参加毕业考试,此时正是学习很紧张的时候,谁也没有心思去关心外面的雷雨。

就在快要下课的时候,一道凌厉的闪电划破天空,随即响起"轰隆"一声巨响。巨大的霹雳过后,一个球形雷电突然从数千米的高空急速下坠,当它落到距离地面1米左右时,突然猛撞到四年级和六年级两个教室窗口的铁栅栏上。

火球沿栏杆下行,"嗖"地一下钻进了窗户里。两个班的学生们都没看清是怎么回事,火球已经钻进教室里来了。积聚了巨大能量的球状闪电迅猛地扑向孩子们,教室里顿时变成了高压电场。一声惊天巨响之后,屋里腾起一团黑烟,烟雾中两个班的学生和上课老师几乎全部倒在了地上,有的学生全身被烧得焦黑,有的头发竖起,有的伤痕累累……教室里,衣服、鞋子和课本碎屑撒了一地,其中7条鲜活的小生命瞬间被雷电夺走。

被雷打死的7个孩子中,有5人为六年级学生,2人为四年级学生,年龄最小的只有10岁,年龄最大的也不足15岁。另外,还有44名小学生在这次雷击事件中不同程度受伤,他们的年龄都在9岁至14岁之间。

"孩子们受的伤不仅是身体上,还有心理上的。"据医生介绍,被送到医院疗伤的孩子,除了身体上的创伤外,有些孩子还因受到过度惊吓而久久不能走出阴影。为此，当地医院抽调了大批心理医生，专门给孩子们做心理治疗。

那么，是什么原因导致了这起罕见的雷击事故呢？雷击发生后，当地气象部门迅速派出防雷专家，第一时间赶到了现场。经专家调查分析，终于揭开了此起雷击事故的原因。

## 揭开雷击原因

据防雷专家介绍，开县义和镇是一个雷电高发区，每年，当地雷鸣电闪的时间高达几十天，山上常有树木被闪电劈倒，有时就连碗口粗细的大树也会被瞬间腰斩。而村小学的三间平房，正好坐落在这个山岗的最高处。山岗四面都是峡谷，突兀而立，岗上广布水田池堰。相对而言，村小学所在的地理位置，更容易遭受雷电的袭击，再加上学校周围生长有高大的树木，特别是靠近教室的几株大树，对寻找"入地之门"的雷电来说，起到了"向导"作用。

其次，此次雷电十分强烈。专家介绍，雷击事故的"元凶"是球状闪电，即一种橙红色的高压电球体。当时雷电的电流强度高达五万多安，而一般的雷暴的电流强度只有一万多安。球状闪电首先打到教室的窗台上，由于窗台由水泥做成，教室又没有任何导雷装置，难觅"入地之门"的闪电就把威力宣泄在教室里的学生身上，把学生当成了入地导线，而靠窗的一列同学则首当其冲。

除了客观原因外，造成此起雷击事故的主观因素，是学校没有安装防雷装置。经勘查证明，兴业村小学的教室建成于1973年，而国家直到1989年才出台了建筑物要装防雷设施的相关文件，到1994年才有了强制防雷要求。而该校教室在建校之初并没有安装防雷设备。

开县雷击灾害，给广大农村，特别是山区农村的防雷安全提了一个醒。防雷专家结合这起雷击事件，对全社会的防雷安全进行了呼吁，专家指出，近年来，随着全球气候变暖，雷电等极端天气发生频率显著上升，强度不断增大，广大农村应增强防灾意识，主动与气象部门加强联系，切实做好灾害防御工作。

# 黑色的一天

一道闪电过后，三十多人被击倒在地，其中17人当场身亡。

2004年6月，发生在浙江省临海市杜桥镇的这一特大雷击事件震惊了全国。雷电，当然是制造这一悲剧的罪魁祸首，不过，"帮凶"也罪责难逃。

这起悲剧是怎么发生的？"帮凶"又是谁呢？

「雷电灾害启示录」

## 大树下的牌场

浙江省临海市杜桥镇,是一座历史悠久的江南古镇,据考察,该镇北郊的山麓在新石器时代便有人类繁衍生息的足迹。宋代时期,人们筑塘围垦,围海造田,使得这里发生了翻天覆地的变化,广袤土地成为滨海沃野,富庶粮仓。新中国成立后,杜桥镇成为临海市的重要粮棉产区和渔盐主要产地,而现代工业生产的注入,更使得这里成了一座冉冉升起的新兴工业重镇。

杜桥古镇,同时也是休闲娱乐的绝佳之地,这里风景优美,民风淳朴,每天都有一些悠闲的人在镇街上打牌玩耍。

镇街上有一处被四面建筑物环抱的空地,面积大约有数百平方米,这里相当于杜桥镇的广场。空地左方,矗立着 5 棵大杉树。这些杉树至少也有上千年的树龄了,每棵大树都枝繁叶茂,最大的树干要两、三个成年人拉着手才能合抱过来。

六月,当地已经比较炎热了,于是人们把打牌的场地转移到了室外的这几棵杉树下。每天,大树下都坐满了打牌的人们。

6 月 26 日这天上午,牌友们从四面八方聚拢到大杉树下打牌娱乐,这些牌友大多都上了年纪,但也有一些年轻人参与其中。一些过往的行人也停下脚步,兴致勃勃地围观起来。

这天的天气晴好,尽管有些闷热,但天空万里无云,太阳火辣辣照射着大地,知了在树上叫得十分热闹。

打牌的人们兴致很高,牌局一直持续到中午,吃过简单午饭后,大家再次聚集到大杉树下。

也许是打牌太过投入了,谁也没有注意到天气正悄悄发生变化,也没有人意识到,一场可怕的灾难即将来临。

## 不期而至的灾难

下午一时三十分左右,大团大团的黑云从远处涌来,把杜桥镇的天空遮蔽得严严实实。火辣辣的阳光不见了,知了停止了鸣叫,地面上的蚂蚁排成长线,正匆匆忙忙地往高处搬家……所有迹象表明:一场雷阵雨即将到来!

二十多分钟后,天空开始下雨,同时响起了"轰隆隆"的雷声,街上的人们赶紧四处找地方避雨。不过,坏天气并未阻挡牌友和围观人群的热情,有人拿来几把大伞撑在头顶上空,大家继续兴致勃勃地玩牌。

就在此时,有一个姓潘的年轻人正匆匆赶往这里。这个年轻人不到20岁,高中毕业后,他和表哥合伙开了个店铺做生意。这天上午,店里生意不太好,表哥给他打了个招呼,一个人悄悄溜到镇街打牌去了。下午,因为有件生意上的事情需要处理,潘某匆匆赶往镇街,准备把表哥叫回来做生意。

从店铺到镇街要走近20分钟的路程,还在半路上,天空便下起了小雨,同时响起了一声惊雷。潘某赶紧一阵小跑,当他跑到镇街空地的大杉树下时,看到那里围了一大堆人,中间的人正在打牌,而四周则是看热闹的人们。现场气氛十分热烈,大家里三层外三层围得水泄不通,似乎不知道天上正在打雷下雨。

"表哥,快回去做生意!"潘某好不容易挤进人群,终于看到了表哥。

"别慌,等我打完这圈再说。"表哥头也不抬,眼睛死死盯着牌桌。

潘某知道表哥的脾气,只好耐下心来,他一边等候一边看表哥打牌,很快,他也被牌局吸引住了,并情不自禁地帮表哥当起了参谋。

十多分钟后,悲剧发生了:一道炫目的闪电从天上扑下来,一下映亮了整个古镇,大树下的人们感到眼前一花,所有人都不约而同地倒在了地上。

## 雷灾原因解析

当时在大树下打牌和观战的人一共有三十多个,雷击发生后,现场显得混乱不堪:大树下的长凳和大伞全都翻倒在地,附近一个彩色塑料棚也被打得破烂不堪;在长凳旁边,横七竖八地躺着十多具脸色灰黑、皮肤烧焦的尸体,看上去十分凄惨;尸体旁边,受伤的人们或呻吟,或叫喊,哭喊声一片。

与大多数死伤者相比,潘某还算比较幸运,他只是脖子和左大腿受了一些轻伤,雷击倒地后,他迅速打滚脱离了中心地带。

据统计,这次雷击共击倒三十多人,有17人当场死亡,这一天,被当地人称为黑色的一天。

事故发生后,村民们赶紧拨打了"110"和"120"。当地所有的警车、救护车纷纷赶到现场,将伤者送到医院抢救。医生检查后发现,不少病人除了头部严重肿胀、衣服焦裂外，身体表面也受到了严重伤害。

这起特大雷击事件震惊了全国。在分析这起雷击故事的主要原因时，有人认为是当时天上没有下太大的雨，在树下打牌和围观的人们没有提高警惕及时回屋，从而酿成了严重后果。不过，防雷专家却另有说法。经过现场勘察，专家认为雷电打下来后，先是击中了几棵大杉树，树干因此成了很好的导电体，再加上雷击时伴有雨水，雨水沿树体流向地面时，越潮湿的地方，电阻越小，强大的电流顺着树干下来后，瞬间打中了靠着树干的人，因为人们全都聚集在一起，所以导致三十多人全被击倒在地。

原来大树是这起特大雷击的"帮凶"！这起事件同时警示我们：雷雨天不应该在树下避雨，更不应该在树下玩耍。

# 高山可怕雷击

一次雷击，造成6人死亡，9人受伤，发生在高山地区的这起雷灾令人心惊胆战。

这起高山雷击有哪些特点？它对我们又有何警示呢？

## 雷电频繁的地区

这起高山雷击事件，发生在四川省凉山彝族自治州下辖的盐源县。

凉山彝族自治州位于四川西南部，它南至金沙江，北抵大渡河，东临四川盆地，西连横断山脉，境内许多高山海拔超过3000米，特别是大小凉山地势峥嵘,深沟高壑,加之气候环境复杂,变化剧烈,因而雷电灾害频繁发生。

凉山州也是四川省雷暴日数最多的地区,据四川省防雷中心统计,一年 365 天中,凉山州各县的雷暴日数普遍都在 80 天以上,如西昌市 87 天,冕宁县 103 天,而盐源县更是以 107 天高居全省之冠。由于雷暴日数众多,加之广大村民缺乏防雷常识,故凉山州近年来雷灾伤亡人数均排在全省前列。雷电入室造成人员伤亡的事例,在凉山地区比比皆是,如 2007 年 5 月 19 日,凉山州西昌市磨盘乡铁匠村遭受雷击,雷电流沿输电线进入屋内,造成 3 人死亡,3 人受伤;同年,5 月 23 日,凉山州越西县拉普乡如果洛村比吉组发生雷击,雷电流沿输电线进入屋内,造成该屋内夫妇二人当场死亡;6 月 17 日,海拔 3000 米的冕宁县后山乡阁里村一组发生雷击,雷电流沿小水电输电线进入屋内,造成村民一人死亡,一人受伤……

咱们再来说说盐源县。其实,撇开雷电来说,盐源还是一个物产丰饶、风光优美的好地方:全县境内蕴藏着盐、铁、金等数十种矿产资源,黑顶鹤、熊、獐子等多种珍稀动物也在这块土地上繁衍生息,此外,盐源还盛产苹果、金边瓜子等名优特产,是西南地区的苹果生产基地,"盐源苹果"的名头在全国可以说响当当。

前面我们已经说过,一年 365 天中,盐源的雷暴日数高达 107 天,也就是说,一年之中,盐源有三分之一的时间在打雷。为什么会出现这么多的雷电呢?其实这与盐源县的地形有很大关系,从地形图上看,盐源的形状有点像马蹄铁:县境四周以高山峡谷为主,而中间则是丘陵和盆地。这样的地形,本身很容易生成雷雨云:夏天在阳光照射下,丘陵和盆地的水蒸发后形成暖湿气流,这些暖湿空气沿着高山峡谷抬升,遇冷后便会形成大团大团的雷雨云,所以盐源县的高山一带经常会出现打雷现象。

## 一次可怕的雷击

这次可怕的雷击，发生在 2004 年夏天。

这年的 7 月 4 日下午 6 时许，盐源县甘塘乡茅坪村上空黑云翻滚，电光响雷十分惊人。

茅坪村是一个高山村寨。村子不大，全村几十户人家的房屋稀稀落落地分散在山腰至山顶一带。村民们靠种植玉米、土豆为生，过着简朴平静的生活。

"好吓人的雷啊！"雷电发作时，村民詹自从正在自家的厨房里做饭，詹母张天碧在灶前帮助烧火，而詹的两个弟弟詹自良、詹自富则在院子里玩耍。虽然这里经常打雷，但今天的雷似乎打得更凶，声势也更为吓人。眼看炸雷一个接着一个，闪电把大地照得雪亮，詹自良和詹自富感到有些害怕，连忙从院坝中跑到了堂屋内。

"这鬼天气，打起雷来没完没了。""是啊，今天的雷真是吓人……"厨房中，詹自从和母亲一边做饭一边闲聊。两人正说着话，突然一道触目惊心的闪电从天空划过，詹家屋后随即传来惊天动地的巨响，三株独立的大树和照明电线同时被雷电击中，其中一株大树被拦腰击断，树下的向日葵被烧得焦黑，电线被打断成几截掉在地上。

"遭了！"詹自从一听声音便感觉不对劲，不过他的话还没说完，一道电光直扑屋内，他身子猛然一歪扑倒在地。母亲张天碧只觉得眼前一黑，瞬间也被雷电击倒昏迷了过去，而站在堂屋门口的詹自良、詹自富也双双被雷击中身亡倒于门内。

几乎与此同时，隔壁邻居周云光家也遭到了雷击。周家当时正在打米，周云光抱着孙女站在打米机房内，突然眼前电光闪过，怀中的孙女当场身亡，周也被击倒在 1 米外的楼梯下。

"救命啊，快来人呀！"村子里响起了撕心裂肺的哭喊声。

「雷电灾害启示录」

同一天，与甘塘乡相邻的德石乡、平川乡也各有一人分别被雷电击死，另外还有9人在雷击中受伤——一次雷击造成6人死亡，9人受伤，这创下了四川近年来雷击伤亡人数最多的纪录。

## 解析高山雷灾

据防雷专家分析，盐源县甘塘乡茅坪村的这起雷击事件，主要原因有两点，一是詹家院后的几株高大树木成了雷电帮凶，二是詹、周两家架设的电线，正是它们成了引雷的"罪魁祸首"，加之两间房屋均无防雷装置，所以造成了严重的人员伤亡。

防雷专家还分析了近年来高山地区易遭雷电袭击的原因。专家指出，近年来农村地区的雷击灾害损失呈逐年上升的趋势，除了与全球变暖、极端天气气候事件增多的大背景有关外，还有三个重要原因：其一，农村的房屋多为农民自己修建的，在建设时由于没有相应的防雷避雷知识，其房屋根本没有任何雷电防护装置；其二，为增加电视节目的接收效果，农村的电视接收天线普遍架设在屋顶上方高于屋顶十余米的位置，且多用竹竿作为支撑，一旦有雷暴产生，雷电极易与

金属接收天线接闪，再由天线引入室内，从而造成电视机及室内其他设施的损毁或人员的伤亡；其三，农村的电力线路、电话线路多是由较为空旷的电杆架空支撑引入的，雷暴在空旷的农田上闪击后会由这些架空电力线、电话线引入室内，造成室内设备损毁和人员伤亡。

此外，在野外劳作或行走的村民也常常遭雷击致死或受伤，主要是由于农民防雷意识淡薄，缺乏基本的防雷知识，有的村民在雷雨天到野外劳作，或是到大树下避雨，从而招致雷击事故发生。

# 罕见雷击灾害

1999年3月16日，湖北省枣阳市发生了一起全国罕见的雷击灾害，事故共造成三十多人死伤，直接经济损失达20万元以上。

可怕的雷击灾害，在当地人们的心中留下了永远的阴影。

## 放学路上的悲剧

枣阳市位于湖北省西北部，东靠武汉，西依襄阳，南临江汉平原，北抵南阳。全市地形主要是丘陵和岗地，平均海拔只有几百米。

1999年3月16日，这本该是一个安宁祥和的日子，雷暴发生之前，全市风和日丽，天空晴朗湛蓝，几片像羽毛般的轻薄云彩飘浮在天上，令人心旷神怡。不过，从下午3时30分左右开始，好端端的天气开始转阴，大片大片的黑云出现在天上，太阳被遮掩了起来，天空看上去显得阴郁而低沉。

谁也没有想到，一场可怕的雷击灾难就要来临。从时令来说，往

「雷电灾害启示录」

年的3月中旬当地也曾出现过雷暴,但雷电强度都不大,也很少发生过雷击灾害。

天上的黑云翻滚着,奔涌着,4时30分,一声惊雷突然响起,同时闪电频频出现,把天地间照得一片惨白。

雷电出现时,该市刘升镇枣林中心小学已经放学,一名叫李伟的学生和五个同伴正走在回家的路上,在他们后面不远处,一辆拖拉机正"突突"地往前疾驶。拖拉机上坐着李伟的父亲,他看到雷电打得很凶,有点不放心儿子,所以想赶紧追上他们。

拖拉机开得很快,眼看就要追上李伟他们了。这时雷打得更加凶猛,李伟他们感到十分害怕,正好路边有一棵松树,出于本能,大家一起跑到松树下躲了起来。

看到躲在树下的学生们,拖拉机减慢了车速,李伟的父亲正要呼唤儿子,突然眼前划过一道刺目的闪电,松树上面出现了一片移动的红光。大家还没看清楚是怎么回事,学生们已经被弹了起来。

被弹起一尺多高后,孩子们又被重重摔倒在地。红光消失之后,六个刚刚还活蹦乱跳的孩子中,距离松树最近的三个孩子当场死亡,他们最小的年仅6岁,最大的也不过10岁。李伟的衣服被烧焦,脚上穿的一双胶底鞋被击成两半，与他一同身受重伤的，还有一个7岁的女孩和一个6岁的男孩。

在自己的眼皮底下，李伟父亲目睹了这个令人撕心裂肺的场面发生，他立即从拖拉机上跳下来，抱起身受重伤的儿子，怎么也不敢相信眼前的事实。

与李伟父亲一样，其余五名伤亡学生的父母也难以接受这一事实。事故发生后，悲伤的村民们望着遇难的孩子，愤怒地锯掉了那棵"惹祸"的松树。

## 灾难接踵而至

当日，在学生们被击倒的同时，枣阳市的其他地方也遭到了不同程度的雷击，灾难接踵而至。

雷刚打起来时，该市吉河乡梁庄村有二十多个村民手持铁铲正在麦田里干活，听到雷声后，有十个村民把铁铲往肩上一扛，撒腿便朝家的方向跑去。不过他们没跑出多远，一道闪电划过，这十个村民全被雷电击中倒地，其中一个村民当场身亡，他的衣服被烧得一丝不剩，身上几乎没有一块完好的肌肤。而另外十余个留在地里的村民则比较幸运，他们被扎在地里的铁铲救了一命——事后，据防雷专家分析，因为铁铲扎地起到了"地线"放电作用，所以这些村民得以幸免于难。

在同一时间，该村一名叫吴成风的50岁村民，当时正与另一个叫童海录的村民在猪圈旁拉家常。看到雷打得很厉害，童海录有点害怕。"这雷有点吓人，我先回去了哦。"他给吴成风说了一声后，便准备翻院墙回家，不料刚爬上院墙，一道闪电打来，童海录当场被雷击中落地身亡，而吴成风则感到"全身麻木、喘不过气来"，之后便昏迷了过去。

隆隆雷声之中，灾难还在发生。这天下午，该市环城街办刘桥村还发生了一起雷击灾难：雷打得很凶时，村民范真军等四人正在一户刚封顶的房屋里贴瓷砖，当时大家都没把打雷放在心上。突然，一阵响雷过后，整个房屋像被火烧着了，屋里升起一片红彤彤的火光。来不及有所反应，在三楼的三人同时被雷电击中，一齐摔下二楼，其中一个人的眼睛被烧糊，脸被烧黑，当场死亡。范真军也受了重伤，他当时被击得四肢发麻，躺在地上一动也不能动，最后被人抬进了医院。

事后，据枣阳市民政部门统计，这次雷击灾害共造成三十多名群众死伤（其中遇难者9人），事故造成的直接经济损失至少在20万元以上。

## 雷电原因分析

这次雷电持续了一个多小时，据枣阳市气象局观测资料显示，雷暴出现时，没有出现风速突增和较强的降雨，气压、气温、温度变化也不明显。

据防雷专家介绍，枣阳市属湖北省重点雷区，每年发生雷暴天气的频率高达31.5次以上，过去该市也曾发生过人员被雷击致死致伤的惨剧，但像这样一次死伤三十多人的雷击灾害还前所未闻，在全国也极为罕见。专家分析认为，这起雷击之所以造成如此大的灾害，主要原因有两点：一是制造雷击的雷电，是一种比较特殊的落地雷，在雷击事件中，许多人都看到了一片移动的红光，其实这片红光是火球，气象上称为球状闪电。球状闪电一般呈球形，但也有呈梨形的，它们很少出现，也非常神秘。正是因为对球状闪电认识不足，所以当它出现时，当地人缺乏防范意识，所以造成了严重灾害。二是雷电出现时，天上并没有下太大的雨，所以导致户外的人们没有提高警惕及时回屋，加之许多人缺乏预防雷电的常识，例如：六名小学生不应该到树下避雨、十个村民不应扛着铁铲行走、村民范真军等人不该在高处工作等，可以说，正是缺乏防雷常识，所以造成了惨剧的发生。

这起雷击事件警示我们：打雷下雨时，不要到树下避雨，不要扛着铁铲在野外行走，也不要在高处工作！

# 大树下的悲剧

前面讲的几个雷击事例，大多都发生在大树下，由此可以看出，雷雨天在大树下避雨是多么危险！

下面，再讲一个发生在印度比哈尔邦的雷击事件。这起雷击导致27人死亡，其中遇难的六名儿童，正是在树下避雨时被雷电击中死亡的。

## 雷电经常光顾的地区

比哈尔邦是印度大邦之一，面积有17万多平方千米，人口将近一亿。翻开印度地图，你可以看到比哈尔邦位于印度北部，北邻尼泊尔，东接孟加拉邦。它拥有印度境内最肥沃的土地，境内七条河流穿过，中部有一些小山，其余都是广袤的平原和丘陵。

虽然只是印度的一个邦（"邦"相当于中国的"省"），但比哈尔却拥有与人类文明一样悠久的历史。印度教被称为"永恒的宗教"，它最早期的神话传说便诞生于比哈尔邦。相传，罗摩王的妻子悉多便出生在比哈尔邦的悉塔马里，而印度史诗《罗摩衍那》最初的作者蚁蛭，也居住在古时的比哈尔地区。据说，乔达摩王子便是在现今的比哈尔邦菩提伽耶悟道成佛。

虽然历史悠久，但自然灾害却长期与生活在这里的人们为伴。与印度其他地区相比，这里的暴雨洪涝、雷电等自然灾害更为频繁。每年6月到9月是比哈尔邦的季风季节，也是当地雷雨最多的时期。每当雨季来临时，该邦大部分地区时常笼罩在厚厚的黑云之下，在滂沱大雨倾泻的同时，雷电打得惊天动地，特别是近年来，随着全球气候变暖，比哈尔邦的雷电尤其猛烈，造成的雷击灾害逐年增多，每年，该邦都有人畜伤亡、房屋遭到损坏的雷击事件发生。

不过，这些雷击事件都没有引起太多的关注，因为它们造成的伤亡和经济损失都不太大，直到2013年6月的一天，27人遭雷击死亡，雷电这一灾害才引起了当地人们的重视。

## 雷电恶魔来袭

2013年6月5日，比哈尔邦南部的一个小村庄，六名儿童正在村外的水田边捉黄鳝。

6月，正是当地耕田插秧的季节，水田被耕耘出来后，插上了一排排青绿的秧苗，而躲藏在田边泥洞里的黄鳝们也活跃起来了，它们不时钻出泥洞，爬到田边地头寻找食物。

6月，也是当地孩子最快乐的时候，雨季到来后，他们不但可以到河边去钓鱼，还可以在水田里捉泥鳅和黄鳝。

此刻，这六名儿童便蹲在一块面积很大的水田边，六双眼睛紧紧盯着田边的泥洞。他们最大的不超过8岁，最小的只有5岁左右。领头的孩子名叫卡迈勒，是一名小学一年级的学生，今天是周末，他们没去上学。

"快，那边有一条！"这时，孩子们面前的泥洞里突然钻出了一个三角形的脑袋，几个孩子不等黄鳝的身体完全钻出来，便一窝蜂拥上去争抢起来。

六双小手抓了半天,黄鳝却不见了踪影,而秧苗则被踩坏了几棵,几个人站起身来,你看看我,我看看你,互相埋怨几句后,重又在田边安静下来。

距离这些孩子不远处的小河边,有三名衣着艳丽的妇女正在洗衣服,其中一名妇女是卡迈勒的母亲。昨晚下过一场雨,小河涨了水,河水看上去有些浑浊,不过这并不妨碍勤劳主妇们的劳动,一大早,她们便各自抱着一大堆脏衣服,相约来到河边洗起来。

应该说,这本该是和谐美好的一天。这天的天气也不错,天边虽然有些宝塔状的云,但整个天空还算晴朗,阳光照耀着大地,村庄、稻田、小河、树林都显得熠熠生辉。

六个孩子乐此不疲地与黄鳝"作对",他们从一块稻田转移到另一块稻田,几个小时过去,每个人都有了小小的收获,而卡迈勒更是收获颇丰,他捉住了好几条黄鳝。

孩子们把黄鳝用铁丝穿起来挂在腰上,正当他们准备继续捉时,天气不知不觉发生了变化:不知从哪里涌来的黑云遮住了天空,风也跟着刮了起来,不一会儿,豆大的雨粒竟然"噼里啪啦"打了下来。

这时回家有些不太甘心,卡迈勒看了看四周,水田旁边有一棵大树,他一挥手,领着大家向大树下走去。

刚刚走到大树下,只听"咔嚓"一声,一个炸雷从天而降,大树树冠上冒起一团火光,树下的六个孩子还来不及哼一声,全都倒在了地上。

## 悲剧接连发生

六个孩子被击倒之前,在河边洗衣的三个妇女也正准备回家。她们把洗好的衣服装进盆里,正要起身离开河边时,炸雷便打在大树上,她们眼睁睁地看着树下的孩子们倒了下去。

「雷电灾害启示录」

"卡迈勒,你怎么啦?"卡迈勒的母亲心头一紧,她把盆子一扔,赶紧朝大树下跑去。

不过,她没有跑出多远,这时一个炸雷落下来,正好打在了小河边。卡迈勒母亲一头栽倒在地,而与她一起的两个同伴也没能逃脱雷电的魔爪,她们的衣服被烧焦,身上被烧得黑糊糊的。

村民们赶到现场后,三个妇女已经停止了呼吸,而树下的六个孩子也没能挽回生命。

持续不断的炸雷,还使附近几个村庄遭受了灾害:在一块新耕耘出的水田中,十多个村民正在水田里冒雨插秧,一道闪电划过,田里的水瞬间带上了电流,村民们全部倒在了田中,其中几个村民当场停止了呼吸;雷雨发作时,两个放羊的村民急忙赶着羊往家赶,当他们走到一棵树下时,雷电袭来,这两个村民不幸被击倒身亡,而几十只羊有的被打倒在地,有的"咩咩"惨叫,有的满山乱跑……据统计,6月5日这一天,比哈尔邦被雷电打死打伤者接近50人,其中27人当场死亡,二十多人受伤,特大雷击故引起了全世界的关注。

专家分析指出,6月正是比哈尔邦进入雨季的时期,当天制造这起雷击灾难的是雷雨云,其覆盖范围很大,云层距离地面较低,强度也很强,加上受灾地多是水田,所以导致雷电流频频传导到地面上来。

而在树下被雷打死的六个孩子和两个牧羊人，再次给了我们一个警示：雷雨天千万不要在树下避雨！

# 雷击大爆炸

雷电不但会打死人畜、损坏建筑物，而且还会引发巨大的次生灾害。

1767年夏季，欧洲著名的水上城市——威尼斯，便因雷击引发了一场大爆炸，造成了近3000人死亡。

这场灾难的影响十分深远，它在一定程度上导致了威尼斯共和国的衰落。

## 水上城市的雷灾威胁

在说威尼斯之前，我们先来了解一下欧洲的雷灾情况。

与亚洲、非洲、美洲等几大洲相比，现代欧洲似乎很少有雷灾事件发生，这并不是说那里的雷电不凶猛，而是欧洲的防雷设置安装得很到位，再加上欧洲的人整体素质较高，防灾意识强，所以现在欧洲的雷击伤人事件比较少。

事实上，在人类未科学认识雷电、避雷针未发明之前，欧洲的雷击事件也是十分频繁的，有一个事例很好地说明了这一问题：18世纪的欧洲，每当雷鸣电闪的时候，有人便会跑到教堂顶上去敲钟，因为当时的人们认为，敲击教堂的钟向上帝祈祷，人间就可以免遭雷击。结果，一些敲钟人不幸被雷电打死，据统计，在33年中，全欧洲有

86座教堂被雷电击中，103名敲钟人被雷打死。

在这些被雷打死的人中，就有威尼斯的敲钟人。

18世纪的威尼斯，称得上是欧洲最繁荣的城市之一。我们都知道，威尼斯是一座世界闻名的水上城市，它"因水而生，因水而美，因水而兴"，享有"水城""水上都市""百岛城""亚得里亚海的女王"等美称。相传，威尼斯的历史开始于公元453年，当时这个地方只是亚得里亚海中的一个小岛，由于受到北方游牧民族的威胁，当地的农民和渔民只好驾着小船去岛上避祸。一来二去，人们发现岛上土地肥沃，于是就地取材，用石块建起了一座座房屋。后来，定居的人们越来越多，这里逐渐发展成一座繁华城市。14世纪前后，威尼斯成为欧洲最繁忙的港口城市之一，它集商业贸易旅游于一身，被誉为整个地中海最著名的水上都市。14世纪至15世纪，威尼斯更是成为了南欧最强大和最富有的海上"共和国"，生活在这里的人们富足而骄傲。

不过，与欧洲其他地方一样，这座水上城市常常会受到雷电威胁，由于临水而居，这里的雷电更加凶猛，每年夏天都会发生雷击事件。虽然人们一再向上帝祈祷，但雷电打死人畜和损毁建筑物、打坏商船的事还是经常发生。

## 教堂里的炸药

1767年,当时的威尼斯共和国受到了一个强大邻居的威胁。这个强大邻居,是位于其西面的法兰西。法兰西也就是现在的法国,当时法兰西皇帝摩拳擦掌,恨不得一口把威尼斯这块肥肉吞下肚去。

威尼斯共和国的掌权者们当然很清楚法国皇帝的野心,从军事实力上说,威尼斯当然不如法国,不过,兔子急了也要咬一口,何况威尼斯共和国的经济很发达,海军舰队也经营了多年,真要打起仗来,不见得就会完败于法国。

为了应对法国的威胁,威尼斯紧急动员,开始到处购买武器弹药。军备竞赛一旦拉开,就很难有回头之路。很快,一船又一船的炸药、火药枪源源不断地运到了威尼斯。

武器弹药是买回来了,可是战争却没打起来。如何保管它们,很快又成了掌权者们面临的一个大问题。

火药枪还好办,搁库房里长期不用最多生生锈,但炸药却不同了,由于威尼斯气候十分潮湿,堆放在一般的库房里肯定会受潮。火药一受潮,就和一堆烂泥没啥区别了。

思来想去,军械官想出了一个办法:把炸药存放在教堂里!为什么是教堂呢?因为当时的威尼斯和全欧洲一样,最好的建筑物一般都是教堂。教堂建得又高又大,有的还分楼上楼下,把炸药存放在教堂的楼上,既不影响人们做礼拜,又解决了军方的一大难题。

对于军械官的这一决定,教堂神父虽然心里不愿意,不过却也无可奈何,因为他也知道法兰西虎视眈眈,如果炸药保管不好,一旦发生战争,威尼斯必败无疑。

神父是一个爱国人士,不想当亡国奴,于是,他同意军方把炸药搬到了教堂里。

于是，几百吨烈性炸药被军士们一点一点地搬运到了教堂楼上。

谁也意想不到：这些炸药就像一把达摩克利斯之剑，它架在威尼斯人们的头上，随时都可能斩落下来。

## 雷击引发大爆炸

促使达摩克利斯之剑挥下来的，是大自然可怕的恶魔——雷电。

夏天是威尼斯雷电最为凶猛的季节，1767年，刚刚入夏，一场接一场的雷电便不期而至。每次只要雷一响起，神父便不断祈祷，而教堂的敲钟人则赶紧爬到教堂顶上，敲响那口洪亮的大钟。

连续几场雷电都平安无事，神父心上一直悬着的石头渐渐落回了肚里。在他的主张下，教堂又恢复了对社会公众开放的惯例。随着时间推移，每天到教堂来祈祷的人们逐渐增多起来。

灾难就在这时发生了！

这天晚上，威尼斯上空黑云密布，狂风大作，一道道闪电像火蛇般撕开夜幕，雷声震天动地，似乎要把整座城市掀翻。

神父此时已经入睡，听到雷打得十分可怕，他摸索着从床上爬起来，快步走到了教堂内。与此同时，敲钟人也来到了教堂里。

敲钟人是一个六十多岁的瘸腿老头，他年轻时曾经当过海盗，后来隐姓埋名来到威尼斯，把自己的余生献给了上帝。他平时在教堂里除了敲钟，还干一些力所能及的杂活。

"快，上去把钟敲响！"神父吩咐敲钟人，说完后他自己赶紧祈祷起来。

敲钟人不敢怠慢，他一瘸一拐地向教堂顶上爬去。几分钟后，洪亮的钟声响了起来。

"当！当！"钟声在威尼斯上空回荡，虽然这时天上雷电仍然猛烈，但听到钟声后，神父和市民们的心里都得到了些许安慰。

可是，钟声没响几下，一个惊悚无比的炸雷便打在了教堂的拱顶上，"咔嚓"一声巨响之后，拱顶被打掉了半边，敲钟人当场倒地身亡。

紧接着，威尼斯人听到了一连串比炸雷更加猛烈的响声，神父一直担心的事情终于发生了：储放在教堂里的几百吨炸药被雷电引燃，发生了惊天动地的大爆炸。

爆炸一波连着一波，持续了差不多一个小时。在这次大爆炸中，神父与教堂一起，被爆炸的气浪掀上了天，消失得无影无踪；教堂四周数千平方米范围的房屋被炸得面目全非，死难者至少有3000人。

整个威尼斯为之震惊！大爆炸发生后，威尼斯受到了重创，经过了很长时间才恢复了元气。不过，从此共和国的国力开始衰落。30年之后的1797年，威尼斯共和国终于被法国皇帝拿破仑消灭，1000多年的历史就此画上了句号。直到若干年后，它才摆脱法国统治，成为意大利的一部分。

这起雷击事件警示我们：易燃易爆物品的保管必须小心谨慎，千万不能存放在容易遭受雷击的建筑物内。

## 雷击大火灾

雷电不但会引发爆炸，更容易引发火灾。

1874年9月的一天，澳门最古老的天主教堂因雷击起火，造成附近大片民宅被殃及，1000余人被活活烧死。

「雷电灾害启示录」

## 雷电频繁的澳门

说起澳门，不能不先说说澳门的历史。

澳门这个名字，最早就是葡萄牙人起的。早在 1553 年，葡萄牙人便取得了澳门居住权。不过，那时候他们只是在澳门居住，从名义上说属于客人，并没有任何权利。1842 年，也就是清宣宗道光二十二年，中英鸦片战争结束后，清政府腐败无能，变成了任人宰割和凌辱的对象。见此情形，葡萄牙趁火打劫，1844 年 9 月 20 日，葡萄牙女王玛丽亚二世宣布澳门为"自由港"，几年过后，眼看中国不敢有任何反对意见，葡萄牙人变本加厉，他们不但在澳门征收中国人的税，而且不准中国海关和税馆在当地继续存在。从这时开始，澳门实际已经被葡萄牙人占领了。之后，葡萄牙政府又于 1887 年 12 月，强迫清政府签订了《中葡会议草约》和《中葡和好通商条约》，正式占领了澳门。

直到，1999 年 12 月 20 日，中国政府恢复对澳门行使主权，澳门又回到了祖国的怀抱。

说完了澳门的历史，咱们再来看看澳门的地理和气候。澳门位于中国大陆东南沿海，地处珠江三角洲西岸。它是一个海岛型城市，由北部的澳门半岛和南部的氹仔、路环和路氹城组成，全区最低点为南海海平面，而最高点塔石塘山的海拔也只有 170 米左右。从气候上来说，澳门属亚热带季风气候，同时亦带有热带气候的特性，每年 5～10 月台风都会"造访"这里，尤其是 7～9 月最为频密。

台风来临时，当地经常会出现大风大雨天气，而雷电也打得特别厉害，过去的数百年间，澳门雷击灾害时有发生，并曾有雷电打死人的情形出现。

不过，最大的雷击灾难，发生在 1874 年 9 月 22 日。

## 雷电引发大火灾

1874年的澳门，已处于葡萄牙的实际控制之下。

早在1553年取得澳门居住权之前，葡萄牙人便在澳门修建了天主教堂。教堂一般都修得很高大，比周围的民房高出了老大一截，由于当时还没有发明避雷针，所以教堂存在着很大的雷击隐患。

除了教堂，当时的澳门与内地一样，老百姓的房子大多都是木材修的楼房或棚屋。楼房一幢挨着一幢，将市区排得满满当当，而棚屋则密密麻麻地环绕在城市周边，这为火灾的发生和蔓延埋下了伏笔。

1874年9月22日傍晚，黑云像高耸的大山般笼罩着澳门，大风呼呼刮了起来，紧接着，天上雷鸣电闪，雨点"噼里啪啦"落了下来。

天气这么坏，而且又是晚上，当地人没法去串门或娱乐，于是便都早早上床歇息了。

风刮得很猛，雷电也打得很凶，但雨下得一直不紧不慢，似乎在观望或等待什么。

雷声惊天动地，把楼房和棚屋震得微微颤抖，而闪电则发出强光，把整个澳门照耀得如同白昼。

"哇哇……"谁家的屋里传出了小孩被惊吓的嘹亮哭声，但哭声很快便在大人的安抚下渐渐变小了。

大风、雷电和小雨持续了一段时间后，夜渐渐深了，被雷声折腾得够呛的人们也累了、麻木了，睡眠像大山般沉重地袭来，人们渐渐沉入梦乡。

死神就在这时悄然来临了。深夜11点左右，一道刺目耀眼的闪电从天而降，闪电末端击中了澳门最古老的天主教堂，只听"咔嚓"一声巨响，教堂的尖顶被霹雳打得粉碎。

巨响过后，教堂顶上蹿起了一团火苗。借助风势，火苗越来越大，不一会儿,古老的教堂成了一片火海。

熊熊火光照亮了天空,大火越烧越旺,很快蔓延到了附近的楼房上。糟糕的是,此时房里的人们已经进入了梦乡,当大火扑进家门时,逃跑已经来不及了。

大火烧毁了成片的楼房和棚屋,许多人在梦中被活活烧死,侥幸逃出的人们哭天喊地,悲恸声令人为之动容。

大火烧了整整两个小时,这时天上的雨渐渐加大,经过众人齐心协力的扑救,火势终于得到了控制。据统计,这场由雷击引发的大火共烧毁房屋数百间,1000多人在火灾中殒命。

为纪念这场灾难,澳门当局将每年的9月22日定为"天灾节",以后每到这一天,当局都要组织防灾防火检查并进行宣传。

这起雷击大火灾警示我们:房屋必须安装防雷设施,才有可能避免火灾这样的次生灾害发生!

## 雷击发射场

火箭是人类征服太空的高科技产品,依靠火箭牵引,卫星才能上天,宇宙飞船才能遨游太空。不过,这一高科技产品也会遭受雷电的挑战。

1987年6月,美国航天史上便发生了一起因雷击造成的罕见灾难。

### 发射场的雷击威胁

咱们先来说说美国的雷电。

众所周知,美国是龙卷风频发的国家,不过,美国的雷电也同样凶猛。因为促使龙卷风诞生的往往都是雷雨云,所以从本质上说,雷电和龙卷风是雷雨云"一母所生"的孪生子。在美国的大平原地区,当铺天盖地的雷雨云涌来时,天上常常雷鸣电闪,地上则龙卷风肆虐横行——这种可怕景象,在电影《龙卷风》中体现得淋漓尽致。

美国历史上,雷击造成的灾害比较严重的,当属1926年发生的一起雷击事件。这年的6月10日下午5时,美国登玛克湖上空雷电交加,一道又一道闪电打向湖面。在登玛克湖畔,有一座新建不久的兵工厂。突然之间,雷电击中了兵工厂内的炸药库。这下可不得了,炸药库迅速起火,引发了一连串爆炸,当场造成19人死亡,38人受伤。这起特大雷击事故给美国人以很深教训,此后美国上下加强防雷安全教育,防雷工作做得十分细致,因此很长一段时间都太平无事。

时隔50年后,美国再次发生了特大雷击事故。这次的雷击,发生在弗吉尼亚州瓦罗普斯岛的火箭发射场上。

弗吉尼亚位于美国东部大西洋沿岸,这里大部分地区气候温和宜人,雷电也显得比较"温柔"。我们都知道,火箭发射需要避开恶劣天气,特别是雷电天气,因为液氢燃料的加注过程、火箭的发射升空都不能在有雷电的情况下执行,所以,当初建设火箭发射场的时候,人们将地址选在了雷电相对温和的瓦罗普斯岛上。

谁也没想到:1987年6月的一天,雷电不但袭击了瓦罗普斯岛,而且惹出了一桩天大的祸事。

## 雷击火箭发射场

1987年6月9日下午,瓦罗普斯岛的发射场上,五枚火箭的箭头直指苍穹。这五枚火箭是小型试验火箭,它们将于当天傍晚发射升空。

这天的天气属于多云间晴,天上飘着大团大团的淡积云,阳光从云缝中钻出来,照射在火箭身上,发出刺目耀眼的光芒。工作人员忙进忙出,正在做火箭发射前的测试工作。

不知不觉太阳西坠。当最后一抹阳光隐没于地平线后,天上的云层变得越发厚密起来。天气看上去似乎要变坏了。

"发射场上空发现雷雨云!"这时,附近的气象站发来了雷达观测资料。

出现雷雨云,意味着可能有雷电产生。火箭发射总指挥赶紧召集工作人员进行紧急会商。经过分析讨论,大家一致认为:雷雨云的厚度和范围都不大,应该不会对发射造成影响,再说了,火箭已经检测完毕,做好了发射准备,若一旦改期发射,造成的损失和影响不可估量。

"按照原计划进行,火箭按时发射!"总指挥综合大家意见后,很快做出了决定。

时间一分一秒地过去,傍晚 7 时左右,火箭终于迎来了发射的关键时刻,当最后一遍测试工作确认无误后,火箭发射迅速进入了点火倒计时。

"10、9、8、7、6、5、4、3……"正当控制室要下达"点火"指令时,突然一道电光映亮天空,随即传来"轰隆"一声巨响——雷电降临了!今天的雷似乎比任何时候都打得厉害,发射场上一时间雷鸣电闪,雷声甚至盖住了工作人员的口令。

"立即停止发射!"眼看情形危急,总指挥赶紧中止了发射工作。

雷越打越凶,电光在发射场上空不时飞舞,看上去令人心惊胆战。总指挥和工作人员坚守在现场,每个人手心里都捏了一把汗。

几分钟后,令人担忧的事情发生了:一道电光划过发射塔,三枚在塔上整装待发的火箭点火装置被雷电击中!让总指挥和工作人员们瞠目结舌的是:火箭竟然自行点上了火。

　　"轰轰轰轰",三枚火箭尾部喷出巨大的浓烟和火焰,强大的反推动力促使火箭冉冉向空中升去,其中两枚已进入发射状态的火箭很快飞上天空,它们在预定轨道上呈75度角飞行,不过,它们只飞了4千米左右便一头从空中栽下来坠毁;另一枚尚未进入发射状态的火箭,点火后只射出100米左右便坠入了大西洋。

　　一场雷击,导致三枚火箭瞬间坠毁,这成为了美国航天史上继"挑战者号"航天飞机空中爆炸后的又一罕见灾难事故!

　　这起雷击事件警示我们:任何时候都不能轻视雷电这一大自然的力量,只有重视它、避开它,才有可能避免重大灾难的发生和损失。